U0257117

环境绿皮书

GREEN BOOK OF ENVIRONMENT

中国环境发展报告
（2015）

ANNUAL REPORT ON ENVIRONMENT DEVELOPMENT OF CHINA
(2015)

自然之友／编

主　编／刘鉴强

副主编／白韫雯

社会科学文献出版社

SOCIAL SCIENCES ACADEMIC PRESS（CHINA）

图书在版编目（CIP）数据

中国环境发展报告.2015/刘鉴强主编.—北京：社会科学文献
出版社，2015.11
（环境绿皮书）
ISBN 978 - 7 - 5097 - 8129 - 6

Ⅰ.①中…　Ⅱ.①刘…　Ⅲ.①环境保护 - 研究报告 - 中国 -
2015　Ⅳ.①X - 12

中国版本图书馆 CIP 数据核字（2015）第 232802 号

环境绿皮书
中国环境发展报告（2015）

编　　者／自然之友
主　　编／刘鉴强
副 主 编／白韫雯

出 版 人／谢寿光
项目统筹／邓泳红
责任编辑／陈晴钰

出　　版／社会科学文献出版社·皮书出版分社（010）59367127
　　　　　地址：北京市北三环中路甲 29 号院华龙大厦　邮编：100029
　　　　　网址：www. ssap. com. cn
发　　行／市场营销中心（010）59367081　59367090
　　　　　读者服务中心（010）59367028
印　　装／北京季蜂印刷有限公司

规　　格／开 本：787mm×1092mm　1/16
　　　　　印 张：18.25　字 数：275 千字
版　　次／2015 年 11 月第 1 版　2015 年 11 月第 1 次印刷
书　　号／ISBN 978 - 7 - 5097 - 8129 - 6
定　　价／79.00 元

皮书序列号／B - 2006 - 036

特别鸣谢

感谢德国海因里希－伯尔基金会，他们的大力支持使《中国环境发展报告（2015）》得以顺利出版！

感谢《中外对话》和创绿中心的支持！

编委会与撰稿人名单

摘　要

《中国环境发展报告（2015）》，已是连续出版的第十本环境绿皮书。

10年来，环境绿皮书一直以公民社会和公共利益的视角记录和思考中国环境，留下了大量珍贵的历史文献。《中国环境发展报告（2015）》反映的是2014年中国环境保护的发展状况，而这一年，恰是中国环境保护民间运动20周年，是值得环境公民社会大书特书的一年。

总报告回顾和分析了20年来发育成长中的环境公民社会。伴随中国社会进步的步伐，对NGO，特别是环境NGO的社会关注点已经从是否该将其列为"禁区"和"敏感"话题，转移到如何有效发挥环境NGO的作用上来。甚至还可以预期，环境领域将可能是催生成熟的公民社会的重要领域之一。

总报告提出了环境公民社会推动环境善治、提升环境治理现代化这一命题。由政府主导的环境治理与环境政策实施，无法达到理想效果。而环境公民社会及民间组织的发展为提升环境的社会治理能力和治理效果提供了更多的选择，它介于政府与市场之间，对推进国家治理现代化起着不可或缺的作用。只有借助公众的理性维权行动，动员公众参与，完善我国环境治理主体，增强环境治理效果，才能真正有效地改善整体环境状况。因此，张世秋教授提出，环境公民社会及环境NGO是现代国家环境治理的主体之一，环境公民社会的发育和成熟以及环境NGO的成长，不仅是环境善治的必需，也将为中国长期可持续发展积累重要的社会资本。

法律与政策一直是环境绿皮书重点关注的领域。2014年，《环境保护法》历经波折终得修订颁布，成为中国环境法制史上的重要里程碑。本次绿皮书以四篇文章，围绕《环境保护法》修订、实施前景、配套的司法及

政策措施、对特定行业的影响等，进行了多角度的揭示与分析。

中国的碳减排和经济转型日益成为环境治理的核心内容。2014 年，中国政府就碳减排做出了令人振奋的承诺，使 2014 年成为中国应对气候变化的重要年份。本书《煤炭消费总量控制方案和政策》一文，提出煤炭消费总量控制是中国能源低碳绿色转型的关键。煤炭开采、运输和利用环节对生态、环境、公众身体健康和气候变化影响很大，其社会经济的外部成本很高。煤炭是导致空气污染、雾霾、固体废物和水污染的罪魁祸首。该文提出，在 2030 年达到峰值之前，煤炭消费必须首先降下来。

《中国环境发展报告（2015）》还有一个亮点，增设了"海外生态足迹"板块。中国对外部资源的依赖性越来越强，对外投资额超过任何一个发展中国家。在参与推动全球经济繁荣的同时，中国也影响着其他国家的环境、社区发展、生物多样性及对气候变化的应对。"海外生态足迹"板块共收录了四篇文章，包括中国的海外矿业投资、全球木材贸易、在巴西投资面临的环境和人文挑战，以及南极海洋保护等多个领域。涉及的案例和问题不同程度地体现了中国在履行环境和社会责任方面所面临的机遇和挑战。希望通过在国际贸易与投资中进一步强化生态保护理念与标准，中国能为全球绿色转型发挥更积极的作用。

目　录

G Ⅶ   大事记

G Ⅷ   附录

年度指标及年度排名

政府公报

公众倡议

年度评选及奖励

环境绿皮书

皮书数据库阅读 **使用指南**

总 报 告

General Report

中国：发育成长中的环境公民社会

—— 善治环境、积累中国可持续发展的社会资本

摘 要： 2014 年，被认为是中国环境保护民间运动的 20 周年。作为环境公民社会发育的标志之一，中国环境保护民间组织不断发育成长，参与到环境治理的各个层面，为中国环境善治做出不可替代的贡献。

关键词： 善治 社会资本 环保民间组织 公民社会 环境治理

100 多年前，英国的塞缪尔·斯迈尔斯在其著作《品格的力量》中说：

---

* 张世秋，北京大学环境科学与工程学院教授，长期以来从事环境经济学、环境政策与管理相关研究与教学。

"一个国家的前途，不取决于它的国库之殷实，不取决于它的城堡之坚固，也不取决于它的公共设施之华丽与否，而在于它的公民的文明素养，即在于人们所受的教育、人们的远见卓识和品格的高下。"①

100 多年后的今天，我们或许可以说，一个国家环境质量、生态系统以及可持续发展前景，不仅取决于政府单方面"向污染宣战"以及"铁腕治理污染"的政治意愿强弱和执行能力强弱，更在于中国环境公民社会的发育、成长、成熟以及基于此形成的利益制衡和协调机制的完善程度。

2014 年，是中国环境保护民间组织成立 20 周年。改革开放以来，特别是在过去的 20 年间，中国社会经济形势巨变，民众生活水平大大提高，与此同时，环境污染、生态破坏、全球变暖、资源耗竭、生物多样性锐减等一系列问题接踵而至。公众对环境问题，特别是对由环境问题引发的人体健康和食品安全问题的关注与日俱增，善治环境的呼声更是日益高涨，中国环境保护民间组织应运而生，民间运动快速发展。

20 年间，作为环境公民社会发育的标志之一，中国环境保护民间组织（亦称环境保护社团组织、环境保护社会组织、环境保护非政府组织或简称环保 NGO②），从无到有并快速发育和成长，是中国成立最早、发展最快、社会影响最大的非政府组织类型。环保 NGO，不仅映射了中国 NGO 的发展趋势和特点，同样，也是中国社会组织和运作方式变迁的重要样本。

伴随中国社会进步的步伐，人们对 NGO，特别是环保 NGO 的社会关注点也早已从其是否该被列为"禁区"和"敏感"话题转移到如何有效发挥环保 NGO 的作用，以促进生态环境与资源保护、推动中国生态与环境保护

---

① 〔英〕塞缪尔·斯迈尔斯：《品格的力量》，北京图书馆出版社，1998。

② NGO 全称是 Non-governmental Organization，又称为非政府组织，具有民间性、非营利性、组织性、自治性、志愿性、公益性等主要特点。世界银行将其界定为：由意向一致的志愿者组成的、具有稳定组织形式和领导结构、不以营利为目的、与政府机构和商业组织保持一定距离而独立运作的专业组织（World Bank，"Involving Nongovernmental Organizations in Bank-Supported Activities"，Operational Directive 14，Washington D. C.：World Bank，1989，p. 70）。环保 NGO 除具有 NGO 的共同特征之外，其特点是以保护生态环境为特定目标而组织起来的社会团体。环保 NGO 是介于政府与公众、企业之间的第三部门，是具有独立性质的社会组织。

的善治、促进中国环境公民社会的发育和发展等方面，甚至我们还可以预期，环境领域将很可能成为催生成熟的公民社会的最重要领域之一，从而为中国长期可持续发展积累必要的社会资本。环境领域的成熟的公民社会除了具有公民社会的共性之外，其特征至少还应该包括：①具有自然和人文关怀的品格和情怀；②关注社会长期可持续发展；③不断提升和改进的环境意识以及环境伦理与高度自律和自觉的环境友好行为并重；④理性争取和保障公民与社会的环境权益；⑤权益保障和争取与环境责任担当并重；⑥对社会公共问题的参与感和行动力以及因此形成的公民自治及社会多主体良性互动的社会网络；⑦以多方合作、制衡和博弈化解社会冲突的社会组织和运作方式、体系。

上述预期或可从 2014 年《环境保护法》的修订和实施中找到其征兆和理由。2014 年的环境保护大事记中，《环境保护法》的修订并通过无疑最受瞩目。2014 年 4 月 24 日全国人大常委会通过并于 2015 年 1 月 1 日实施的有"史上最严格"之称的《环境保护法（修订案）》，首次明确赋予"依法在设区的市级以上人民政府民政部门登记、专门从事环境保护公益活动连续五年以上且无违法记录的社会组织"① 以公益诉讼主体资格。同时，新《环境保护法》还明确了信息公开和公众参与的有关法律规定。《环境保护法》第五十三条规定，"公民、法人和其他组织依法享有获取环境信息、参与和监督环境保护的权利。各级人民政府环境保护主管部门和其他负有环境保护监督管理职责的部门，应当依法公开环境信息、完善公众参与程序，为公民、法人和其他组织参与和监督环境保护提供便利"②。2015 年 1 月 7 日，《最高人民法院关于审理环境民事公益诉讼案件适用法律若干问题的解释》正式实施，最高人民法院、民政部、环境保护部联合发出通知，就贯彻实施环境民事公益诉讼制度提出要求，为社会组织参与环境保护提供了更为全面的法律保障。

---

① 《中华人民共和国环境保护法》，2015 年 1 月 1 日正式生效实施。
② 《中华人民共和国环境保护法》，2015 年 1 月 1 日正式生效实施。

不仅如此，为增强环保 NGO 对当前环境形势、环境政策的把握和理解，提升新形势下环保 NGO 有效参与环境事务的能力，环境保护部 2014 年 11 月在南京举办了 2014 年环保社会组织培训班。来自全国 24 个省、自治区、直辖市的 55 家环保社会组织负责人参加了培训，这是多年来国家环境行政主管部门第一次主动召集民间环保组织进行培训。这或可解读为环境行政主管当局认识到了与环保 NGO 沟通与合作的重要性，同时，也表明其对环保 NGO 在保护环境方面所能发挥的作用寄予期望。

本年度的环境绿皮书，继续历年对重大环境问题和环境政策的讨论，从每一篇文章和每一个案例中，我们都会看到一个正在发育中的环境公民社会在推动中国环境管理以及可持续发展方面的重要贡献。当然，在快速变化、变迁和转型的中国，环境保护民间组织与其他主体一样，面临诸多挑战和问题，也面对很多发展的机遇，这些挑战和机遇不仅来自外部，也来自环保 NGO 的内部。

本文简要回顾中国环保 NGO 的发展，并进一步讨论环保 NGO 的作用、地位以及面临的挑战和机遇。

一 中国环境保护民间组织与环境公民社会的 发展回顾

1993 年 6 月 5 日，全国政协委员、中国文化书院导师梁从诫，北京理工大学教授杨东平等若干位开明知识分子在北京的玲珑园公园举办了第一次民间自发的环境讨论会——玲珑园会议。这次会议标志着自然之友的正式成立①。历经波折，1994 年 3 月 31 日，该组织经民政部注册正式成为中国文化书院下设的二级机构，全称为中国文化书院绿色文化分院（北京市朝阳区自然之友环境研究所），简称"自然之友"，梁从诫先生担任会长。"自然之友"因此成为中国第一个在国家民政部注册成立的民间环保团体。1994

---

① 摘自自然之友网站（http://www.fon.org.cn/index.php/Index/post/id/26）。

年也因此被普遍视为中国环境领域非政府组织的开元之年①。紧随其后，"北京地球村""绿家园"先后于 1996 年成立。"自然之友""北京地球村""绿家园"成为 20 世纪 90 年代中国环保 NGO 的标志和引领者。此后，全国各地民间自发组成的环保 NGO 相继宣告成立，这是中国环境保护民间组织以及环境公众参与、环境公民社会发育的开端。

根据中华环保联合会发布的《中国环保民间组织发展状况蓝皮书》，截至 2008 年 10 月，全国共有环保民间组织 3539 家，其中由政府发起成立的环保组织 1309 家，占 37%；草根的环保组织有 508 家，占 14%。根据民政部《2012 年社会服务发展统计报告》，截至 2012 年底，全国生态环境类组织共有 7881 个，其中社会团体有 6816 个。2007～2012 年五年时间内，环保 NGO 的年均增长速度高达 30% 以上。

经过 20 年的发展，环保 NGO 组织数量不断增多，成员队伍日益壮大，其影响力也快速增长：从藏羚羊保护、首钢搬迁到怒江水电、松花江水利等一系列重大水利工程的动工、延迟甚至停工，再到厦门的 PX 项目、番禺的垃圾焚烧厂项目、四川什邡的钼铜厂项目、江苏启东的王子造纸厂排污事件等，一系列重大环保事件被深深地打上了环保 NGO 的烙印②，也更进一步昭示环境问题已经成为经济问题、社会问题、民生问题，甚至是政治问题。

（一）中国环保 NGO 的发展阶段与作用发挥

2006 年中华环保联合会公布的《中国环保民间组织发展状况蓝皮书》归纳了我国环保 NGO 发展的特征，将环保 NGO 发展历程划分为三个阶段：

---

① 事实上，中国最早注册成立的环保 NGO 是辽宁盘锦的黑嘴鸥保护协会。它注册于 1991 年 4 月 18 日。发起人刘德天，系《盘锦日报》记者（摘自《环保 NGO 的中国生命史》，《南方周末》2009 年 10 月 8 日）。此外，也有人因 1978 年成立中国环境科学学会而把这一年作为中国环境领域非政府组织的元年，但因其基本上还是官方背景，因此，业界并不认为它是现代意义上的 NGO。中国环境科学学会以及中国野生动物保护协会、中国可持续发展研究会等，确切地说可以叫作 GOVNGO，就是政府 NGO，因为它们是政府主办的或者由政府派出人员担任主要职务的非政府组织，有着明确的行政等级，志愿者也主要依靠行政动员的方式来参与。

② 张萧然：《"向污染宣战"：成长中的民间环保 NGO》，《中国产经新闻》2014 年 6 月 5 日。

产生和兴起阶段（1978～1994年），发展阶段（1995～2002年），壮大阶段（2003年及以后）。

该报告认为，中国环保NGO始于1978年5月，其标志为由政府部门发起成立的中国环境科学学会；1994年"自然之友"的成立则标志着民间环保社团NGO的建立。

1995～2002年，我国环保NGO从公众关心的物种保护入手，通过各类宣传活动，比如保护滇金丝猴和藏羚羊行动等，推动社会对濒危物种和环境问题的关注。另外，"北京地球村"与北京市政府合作，自1999年开始进行绿色社区试点工作。此后，中国环保民间组织从动物保护逐步扩展到环境意识宣传以及环境友好行为实践，并不断拓展到城市、社区，强化了公众对于环境保护的意识，包括垃圾分类、护鸟、种树、保护濒危动物、创建绿色社区、环境意识宣传等。

2003年是中国环保NGO发展的重要转型时期，由初期的单个组织针对民众环境意识和行为的转变进行环境宣传、推动特定物种保护等，逐步发展到组织公众参与环保，通过联合、合作对重大社会发展和决策问题进行关注和介入。其标志性的行动包括"怒江水电"发展之争以及由自然之友等环保NGO发起的"26度空调"等行动。更为重要的是，现阶段环保NGO不仅践行公众参与的各类实践，更将其关注点转向为国家环境事业建言献策、开展社会监督、维护公众环境权益、推动社会经济可持续发展等领域。上述变化也标志着中国环保NGO的活动空间开始向维权行动拓展，很多环保NGO都把维护公众的环境权益纳入了自己的行动纲领或活动议题中。

（二）环保NGO的作用发挥

过去20年来，环保NGO所开展的活动提升了民众的环境保护意识、影响了公众的环境行为，更重要的是，环保NGO已经成为推进中国环境保护事业不可或缺的主体，不仅补充了政府和企业在提供环境公共服务方面的不足，更承担起了建言和监督的作用。对中国环保NGO所发挥的作用，比较共性的认识可以概括为以下八个方面。

1. 有效推动环境知识的教育与宣传

几乎所有的环保 NGO 自初创之日起就将环境知识普及作为自己的分内之责而持续开展。包括开展各种形式的环保倡议和实践活动，通过讲座、培训、宣讲强化公众和各主体的环境意识、传播环境相关知识，借助各种形式的研讨会、座谈会等促进决策者、企业、社会组织、公众等的交流并进而推动公众对环境公共事务的参与。

2. 推动和促进环境保护领域的公众参与活动

公众参与是环境保护善政和善治的必要组成部分。2002 年实施的《环境影响评价法》明确了公众参与的法律地位和作用。公众参与不仅体现在公众对环境保护活动的参与和环境友好行为的践行上，更重要的是，越来越多的迹象表明，公众参与已经从被动参与扩展到主动建言献策以及对政府的政策制定和政府的环境作为、企业环境绩效和违法行为的监督。

3. 实施自然资源和环境保护的具体项目等活动

推动了野生动物和生物多样性保护、农用化学品特别是农药和化肥的合理施用、水质净化与流域水质量保护、大气污染的控制、沙漠化防治、退耕还林还草、防止水土流失与生态修复等。

4. 成立环境保护公益基金，并为民间环境保护活动提供支持与资助

比如，近年来非常活跃的阿拉善 SEE 生态协会，就是一家由中国近百位企业家发起的荒漠化防治民间组织，不仅致力于阿拉善地区的荒漠化治理和生态保护，也推动中国企业家承担更多的社会责任，通过各种方式为环保 NGO 的环保活动提供资金支持。

5. 推动环境友好型产品的生产和推广，以及绿色供应链管理和消费者环境责任担当等

越来越多的环保 NGO 利用其社会资源动员能力，借助自身和国内外相关领域的专家、学者和实践者的研究和宣传平台，促进环保产品的研制、生产、流通、消费等活动，并通过绿色生产、绿色供应链管理以及绿色消费等推动全社会的环境友好行为。

6. 进行政策研究并为决策建言献策

越来越多的环保 NGO 在继续对环境知识普及与宣传的同时，将注意力转向对宏观环境政策的研究，比如，自然之友自 2009 年开始每年发布《中国环境发展报告》，从中国民间环境保护组织的视角编撰《中国环境发展报告》，直视社会热点问题，并进行深入剖析和解读。其他还有很多引起社会广泛关注的由环保 NGO 协调组织的政策和环境形势相关研究，比如，由自然资源保护协会（NRDC）协调组织，由中国政府智库、科研院校和行业协会内的 19 家有影响力的机构通力合作，于 2013 年 10 月启动的"中国煤炭消费总量控制方案和政策研究"项目，为设定全国煤炭消费总量控制目标、实施路线图和行动计划提供了很多政策建议和可操作措施，并致力于帮助中国实现资源节约、环境保护、气候变化与经济可持续发展的多重目标。

7. 推动信息公开、公益诉讼，并为环境污染受害者提供法律援助

比如，公众环境研究中心发布的"中国水污染地图"和现在拥有众多用户的"蔚蓝地图"，成为普通民众获取空气和水污染信息的重要渠道。而成立于 1998 年 10 月的中国政法大学"污染受害者法律帮助中心"，多年来不仅为污染受害者提供法律援助，更重要的是，其与自然之友等环保 NGO 合作，在推动环境公益诉讼方面发挥了重要作用。

8. 推动环境保护的国际交流活动

在中国民间环保组织发展之初就不仅有本土的草根组织，也有国际 NGO 在本土的落地发展。环保 NGO 通过各种形式开展国际交流活动，一方面学习和了解国际 NGO 的经验，获取信息、资金、技术等支持；另一方面，随着自身能力的提高和对国际议题的关注，也开始介入重要国际环境问题，如对气候变化等的关注。近年来，在重要的国际环境问题的会议上，常常能看到中国环保 NGO 的身影以及听到它们发出的声音。

（三）中国环保 NGO 发展的几个关键转变

虽然中国环保 NGO 的发展起步晚，但伴随中国快速的社会经济和体制变迁进程，特别是随着环境和生态问题日趋严峻，环保 NGO 在短短的二十

年间发生了很多重大转变。其关键性的转变或可概括为如下几个方面。

1. 从一枝独秀到百花齐放、多样化呈现

第一，从数量上看，一直到20世纪90年代中后期，提到中国的环保NGO，映入脑海的只有"自然之友""北京地球村""绿家园"。如今，完全由民间自发形成并注册的环保NGO多达数千家。

第二，从地域上看，环保NGO以前主要集中在北京、上海、天津以及东部沿海地区，现在几乎每个省份和地区都有环保NGO组织和它们的活动印记。

第三，从关注点和活动范围上看，环保NGO从早期的环境知识宣传、垃圾分类和社区实践，转到现在的公众参与、信息公开、环境维权和政策建议以及环境违法行为监督、企业环境友好行为和环境责任推动、绿色供应链管理、绿色消费、绿色出行等各个方面。这意味着中国的环保NGO以及公众参与已经实现从关注和关心环境到践行环境友好行动乃至社会监督的重大转型。特别重要的是，环保NGO以及公众对环境问题的关注，也不只集中在与己有关的私权保护和维权方面，同时还更多地关注公共性的环境问题，亦即与非直接利益相关的环境问题方面。一个社会的公民不仅关注自身权利，同时也关注具有利他特点的公共性问题，是衡量社会道德水准和社会进步程度的一个重要指标。

第四，在人员构成上，环保NGO从早期的以热心环保的知识分子和社会活动家为主体，到现在不仅有环保热心人士，也有学有专长的专家学者、媒体从业人员、学生、普通市民和企业家。

第五，在组织形式上，环保NGO有国际性的NGO、民政部注册会员覆盖全国范围的NGO，也有地方性的NGO；有专业性致力于某一类特定问题和政策问题的NGO、综合性的NGO组织，也有很多以学生社团为基础发展起来的环保NGO。

第六，在资金来源上，环保NGO由过去单纯的自掏腰包或获得少量国际性基金会的支持，到现在的资金来源多元化，包括国内外基金会支持、企业的公益基金赞助、个人捐赠以及政府通过向环保NGO购买公共服务而提供的资金支持等。

第七，在参与方式和参与渠道上，环保 NGO 呈现多样化的特点。传统的公民环境参与方式包括环境信访、向人民代表大会和政治协商会议提出建议以及向各级环境行政管理部门提请行政仲裁等，此后又有了重要投资项目环境影响评估的公众参与、重大环境公共政策及发展规划和战略听证会、对环境行政管理部门不作为或不公正的行政诉讼、寻求法律手段解决污染问题的民事或刑事诉讼、环保 NGO 及专家对政府决策过程的介入等。随着互联网和信息传播技术的发展，公众环境参与更加活跃并借助现代信息传播技术快速形成社会影响大的环境保护集体行动，比如厦门的 PX 事件、成都彭州的环境游行，以及什邡和启东的环境群体事件等。与此同时，公众个体以及环保 NGO 充分利用自媒体发布各类环境信息、分享对环境的关注、揭露环境违法行为等现象迅速增多，对违法者和管理者形成了极大的监督压力。

2. 从拾遗补阙到发挥主体作用

近年来，中国环保 NGO 的角色定位逐步从早期的政府环境政策执行的推动者和政府力量难以触及领域的拾遗补阙者和配角，以及"环境保护宣传者""环境监护人""公众环境利益代表者"等角色，向参与政府环境决策、影响企业和公众环境行为、监督政府执法和企业环境行为的重要的环境社会监督力量和压力集团的主体角色转换。

现阶段，环境保护宣传教育依然是环保 NGO 的主要关注和活动领域，但其触角已经拓展到以下几个领域。

第一，监督政府和企业环境行为。这种监督作用借由社交媒体和自媒体的发展不断发挥和强化。比如始于 2011 年的对 PM2.5 防治的传播和影响、对地方环境保护执法不力的监督、对企业各类偷排行为的监督和举报等，已经形成了有效的公众监督压力。

第二，参与环境与发展领域的决策过程，体现公众对重大环境公共事务的参与和影响。这包括以建议、质询、听证等各种方式参与国家环保法律、法规、政策的制定和对行政机关的执法监督；呼吁和践行环境信息公开；参与各层面的规划、战略、政策以及项目的环境影响评价；等等。这不仅影响和推动了重大环境立法和决策，也有效促进了公众、企业和政府对环境与发展问题的持续关注。就 2014 年的中国《环境保护法》和《大气污染防治法》等重要环境法律法规的修订来说，很多环保 NGO 提出了非常系统和专业的修改意见，并动员全社会参与。部分意见也已经反映到最终的修改稿中，最典型的例证就是环保法修订案中关于环保公益诉讼主体的讨论和抗争①。

第三，推动环境信息公开，为公众提供环境信息。中国环保 NGO 不仅通过自己独立或参加政府相关部门组织的各种咨询宣传活动，更通过自身的社会动员组织能力以及自身专业能力的提高，进行了大量的信息公开、政策研究报告的撰写和推广等工作，比如，自然之友的年度绿皮书，公众环境研究中心从 2006 年开始发布的中国水污染地图数据库以及可视化的"中国水污染地图"，以及 2011 年之后开展的空气质量信息发布、企业污染排放信息发布，还有 2014 年开发和应用的"蔚蓝地图"等，不仅利用现代化的信息技术为公众提供了相关的环境质量信息，更重要的是推动了企业污染排放信息公开，为公众参与环境保护提供了必要的基础。

第四，推动环境公益诉讼，保护公众环境权益。环境公益诉讼在我国践行时间虽不长，但已经开始产生影响，这种影响也将随着新《环境保护法》的实施而不断扩大。近年来陆续出现了一些产生重大社会影响的环境公益诉讼案例，比如，江苏省泰州市 6 家企业因违法倾倒废酸污染了长江支流，2014 年底被法院判决赔偿 1.6 亿元，且部分责任人被判承担相应的刑事责任。2015 年 1 月，新《环境保护法》实施后，自然之友即启动了"环境公益诉讼支持基金"。该基金支持的"福建南平生态破坏案""海南红树林生态破坏案"等多起公益诉讼也陆续获得立案。

3. 从关注本地事务到参与国际问题

中国环保 NGO 的早期发展基本上立足于本土，这不仅是因为中国自身

---

① 《环境保护法修订案（草案）》修正案草案第一稿并没有写入公益诉讼，从而引起了热烈讨论。而第二次审议稿规定有资格提起公益诉讼的组织只有中华环保联合会一家，这引起很多环保公益组织上书。在 2013 年 10 月第三次审议稿中，公益诉讼的主体变成"依法在国务院民政部门登记，专门从事环境保护公益活动连续五年以上且信誉良好的全国性社会组织"。直到 2014 年公布的最终稿中赋予"依法在设区的市级以上人民政府民政部门登记、专门从事环境保护公益活动连续五年以上且无违法记录的社会组织"以公益诉讼主体资格。

存在严峻的环境问题，同时，也受制于环保 NGO 自身的关注点、专业能力以及国际视野等诸多方面。可喜的是，2000 年以后，中国的环保 NGO 开始走向国际舞台，比如，在 2002 年约翰内斯堡可持续发展会议上，中国有 30 个真正意义上的环保 NGO 150 余位代表参加①。针对近年来备受关注的气候变暖问题，中国环保 NGO 不仅在国内践行温室气体减排，在国际会议上也发出了自己的声音，比如中国民间气候变化行动网络发出的 2014 联合国气候峰会立场书就引起了非常广泛的关注。

二　环境公民社会/NGO——环境善治的必要组成部分

政府、企业和公众（公民社会）是现代社会的三个各不相同但又相互联系和支撑乃至彼此制约的主体。环境质量和自然资本基础关系一个社会的基本公共服务，政府当然负有责任确保其公民享有安全的环境，但在实际运作中，既可能出现政府无法有效提供公共服务的政府失灵和失效的现象，也会出现因为缺乏恰当的干预以及企业的逐利特征，市场无法提供有效的公共服务的现象，亦即存在市场失灵的现象。NGO 作为由公民组成的社会组织，是重要的社会资源配置主体之一，其存在和作用的发挥，可以有效弥补政府失灵和市场失灵，同时可以监督政府和企业履行其基本的环境责任。NGO/社会组织因此也常常被称为"社会第三部门"（the third sector），与政府和企业并列。各类社会组织包括 NGO 构成的整体也被称为"公民社会"（civil society）。现代社会正是一个市场、政府和公民社会"三足鼎立"的社会②。

（一）环境管理/治理体制变革与公民社会发育的不可或缺

中国社会经济快速发展，但同时环境污染及由此引发的食品安全问题和人体健康问题，以及资源耗竭、能源安全和气候变化问题成为国内外广泛关

---

① 黄浩明：《非政府组织在可持续发展中发挥的作用》，《学会》2004 年第 2 期。
② 黄炳元：《环保非政府组织（NGO）在我国的转型变化和未来作用》，新浪博客·九天方竹的博客，2011 年 8 月 7 日。

注的重要问题。不仅如此，环境问题已经超越环境本身，成为社会和政治问题，成为影响中国社会稳定与和谐发展的重要因素。中国环境管理体制与管理制度，特别是国家环境治理模式变革已经成为中国转向绿色经济和可持续发展道路的关键。争论的焦点，不再是是否应该变革，而是管理者是否能顺应形势以及如何顺应形势变化，顺势而动进行自上而下的变革，或是被动地在压力之下进行应激式变革①。

在环境问题已经开始成为社会问题和政治问题的今天，由环境污染引发的群体性事件上升的趋势明显，与此相关的各类公共事件频发，政府在提供良好环境、控制污染、防范环境健康风险以及保障公民基本环境权益等方面的作为和行政有效性受到越来越多的质疑。无论是群体性纠纷、利益纠葛还是公众质疑，无不凸显出公众对政府缺位和公信力的质疑，也表明对政府环境责任承担和管理/治理能力的不满，更折射出社会对政府改进环境公共管理/治理与环境公共服务的合理期待与要求②。

面对日益错综复杂的社会公共事务，我国迫切需要从过去的单向一元结构走向多元共治，从传统的国家主导型向国家、社会和公民协同治理型转变。国家治理现代化的提出突破了固有的"政府中心论"的限制，是对原本的国家治理主体和治理机制的重构。公民社会组织作为连接国家与社会的一个桥梁，在推进国家治理体系和治理能力的现代化、实现全面深化改革的总目标过程中发挥着不可或缺的作用③。

以公民社会理论为基础的第三种调整机制——社会调整机制（即以社会舆论、社会道德和公众参与等非政府和非市场的方式体现④）或者说公民社会必然成为现代国家环境治理体系的重要组成部分。俞可平认为："公民社会可以当作是国家或政府系统，以及市场或企业系统之外的所有民间组织

① 张世秋：《绿色善治与社会发展》，《绿叶》2013年第5期。
② 张世秋：《绿色善治与社会发展》，《绿叶》2013年第5期。
③ 李华栋：《浅析公民社会组织在国家治理现代化中的作用》，《新西部》2015年第2期。
④ 廖建凯：《国内环境民间组织合法性初探》，《环境科学与管理》2005年第3期。

或民间关系的总和，它是官方政治领域和市场经济领域之外的民间公共领域。"①

（二）环境公民社会推动环境善治、提升环境治理现代化

因环境问题而引发的利益冲突的加剧，使得我们原来粗放式的管理手段不得不向精细化、弹性化，同时又注重利益协调的方向转变，铁腕只有与善治结合，才可能从根本上转变经济增长方式，实现社会 - 经济 - 环境的协同发展，以及生产、生活、生态的共赢②。

早在1992年，联合国就在其通过的《21世纪议程》中就明确提出："公众广泛参与决策对于持续发展是必不可少的。个人、集体、团体需要参与有可能影响他们的决策的环境影响评估；他们应该有机会获得有关信息。""有必要使重要社会团体参与所有项目的政策和活动。非政府组织在参与民主方面发挥至关重要的作用，并拥有丰富的专业人才。联合国系统和各国政府应加强非政府组织参与决策的机制。"

现代治理的核心特质在于治理主体的多元化③，在强调政府社会管理职能的同时，更加注重企业、公民社会组织等其他社会主体的作用。环境治理也不例外。中国目前致力于国家环境治理能力建设，而善治（good governance）是其中必有之义。环境善治需要体现现代治理理念的诸多要素，包括多方主体参与、法治完善、决策 - 实施 - 执行 - 管理过程透明、决策和管理的有效性 - 效率 - 公平以及问责等基本要素，更重要的是应推进政府行政管理、市场运作、社会监督与制衡这三种机制的有机结合④。

已经有很多调查和研究表明，中央与地方在发展目标等方面的不一致以及地方保护主义的存在，使得由政府主导的环境治理与环境政策无法达到应

---

① 俞可平：《中国公民社会：概念、分类与制度环境》，《中国社会科学》2006年第1期。
② 张世秋：《灰霾治理——需铁腕与善治并重》，《科学与社会》2014年第2期。
③ 〔法〕让－皮埃尔·戈丹：《何谓治理》，钟震宇译，社会科学文献出版社，2010。
④ 张世秋：《应对环境挑战须强化政府环境责任》，《中国环境发展报告（2013）》，社会科学文献出版社，2013。

有的效果。包智明、陈阿江认为：当前我国的环境抗争抑或治理的困境，其根源不在于发展主义的幽灵，而在于"社会"的缺席①。

国内外的经验均表明：环境公民社会及民间组织的发展，不仅有助于维护公民的环境权益，也有助于提升环境的社会治理能力和治理效果。在环境形势依然严峻的今天，洪大用认为：只有借助公众的理性维权行动，动员公众的参与以完善我国环境治理主体，改进环境治理效果，才能真正有效改善整体环境状况②。

第一，环境公民社会及环保 NGO 是现代国家环境治理的重要主体。德国政治学家托马斯·海贝勒提出，多元主体的参与是现代治理体系的重要组成要素，由于政府很难管理所有事务，所以需要将企业、社会以及公民个人纳入公共治理的过程中，这种主体多元化的治理模式比单一主体的政府管理模式更为有效③。

第二，环境公民社会组织是提供现代环境公共社会服务的重要力量。发展迅速且日益活跃的环保 NGO，不仅是重要的环境保护的游说、公益活动主体和社会监督主体，同时也具有提供有效的环境公共服务的能力。面对众多的环境保护公共事务，公共服务的供给主体必须扩展到包括 NGO 在内的多元主体，以此补充政府管控和服务提供的不足。政府可以借由购买公共服务等方式，将政府无法解决以及解决不好的公共服务逐步让渡给第三部门④，不仅推动公共服务供给主体的多元化和低成本化，同时，也会为社会组织发育和环保 NGO 的发展提供条件。

第三，环境公民社会组织是扩大公民有序政治参与环境保护的有效途径，有助于通过推动理性参与和理性维权，避免因环境问题引发的社会矛盾积累。首先，公民个人通过参加环保 NGO，借由环保 NGO 将自身的环境诉

---

① 包智明、陈阿江：《中国经验的环境之维：向度及其限度——对中国环境社会学研究的回顾与反思》，《社会学研究》2011 年第 6 期。
② 洪大用：《试论改进中国环境治理的新方向》，《湖南社会科学》2008 年第 3 期。
③ 〔德〕托马斯·海贝勒：《推进国家治理体系和治理能力现代化》，《人民日报》2013 年 11 月 18 日。
④ 李华栋：《浅析公民社会组织在国家治理现代化中的作用》，《新西部》2015 年第 2 期。

求反映给政府、社会和企业，拓展个体环境权益诉求的渠道；通过适度和理性的环境维权活动，保护公民以及公共环境权益。其次，环保 NGO 是公民参与管理国家环境事务的重要途径，也是公民参与环境政治和决策过程的渠道。特别重要的是，环保 NGO 可以有效引导公民进行依法有序地参与环境公共事务，从而形成一个稳态的社会制衡力量，使得日渐尖锐的环境利益和权益冲突不至于恶化为影响社会长治久安的极端冲突事件。

三　中国环境公民社会与环保 NGO 发展展望

社会、经济与环境三者关系密切，中国的环保工作虽然取得了重大进展，但环境形势依然严峻，环境保护工作面临更为严峻的挑战。主要体现为：①累积和新增环境污染带来的环境损害以及相应的公共开支仍将不断增大；②环境风险依然存在，且可能不断增大；③环境问题已经并将继续成为社会冲突之源；④环境 - 发展之间矛盾尖锐、利益冲突加剧、环境保护工作推进仍困难重重。经济发展后劲堪忧。主要原因有：经济转型，说易行难；源头治理依然举步维艰；环境污染造成的社会经济损失巨大、健康风险持续、中国经济增长的长期真实社会福利改善效应存疑，环境容量与生态系统和自然资源禀赋及公共健康保障成为社会经济稳定发展必须突破的瓶颈问题，权衡与平衡民生 - 发展 - 生态 - 环境的短期和长期关系，无论是理论还是政策和措施，依然长路漫漫；当下的环境管理制度成本高、效率低，依然难以对经济转型和结构调整提供有利导引和影响；信息传播方式改变、民众环境意识提高，包括知情权、监督权、参与权和索赔权等在内的环境权益保障诉求提升、公众压力增强，一方面为环境保护提供巨大机遇，另一方面，也可能导致环境保护工作出现注重短期效应的问题。如前所述，环境公民社会的发育和成熟以及环保 NGO 的成长，不仅是环境善治的必需，也将为中国长期可持续发展积累重要的社会资本。

新修订的《环境保护法》为公众参与以及环保民间组织开展环境保护公益活动从法律层面上赋予了更高的法律地位和要求。特别是 2015 年 1 月 6 日发布的《最高人民法院关于审理环境民事公益诉讼案件适用法律若干问题的解释》，对 2015 年 1 月 1 日正式开始实施的《环境保护法》以及修改后的《民事诉讼法》中有关"环境公益诉讼"部分进行了更具体的规定。据民政部估算，根据这个文件，约有 700 家社会组织符合相关条件和要求，具有提起环境公益诉讼的资格。

新形势下，除公众参与、信息公开和环保 NGO 的法律地位得以确认之外，环境公民社会的发展和环保 NGO 的发展面临很多其他的重要机遇。第一，公众环境意识、环境权益意识及维权意识、参与意识和参与热情不断提高和增加，为环境公民社会发展和环保 NGO 发展提供了必要的社会条件并奠定了基础；第二，中国社会治理结构开始从集权向分权的方式逐步转化，为环境公民社会发育和环保 NGO 的发展提供了更多的政治机会和发展空间；第三，学生环保社团组织发展快速，更多的具有学术专长的青年人愿意投身到环境公益事业中，有助于提升环保组织的专业能力；第四，现代信息技术发展和信息传播方式变化，不仅使得信息垄断成为不可能，也为环保 NGO 和公众参与环境保护决策过程以及公民环境监督提供了更为低成本且便捷的条件；第五，政府环境投资增加快速，并开始大量从环保 NGO 购买公共服务；第六，各类基金会以及企业和社会资本对环境公益事业的关注大大提升，使得原本捉襟见肘、生存难以维系的环保 NGO 有更大的可能性去获取必要的资金支持。

但是机遇之下，挑战更大。这些挑战可以罗列很多，但最关键的挑战或可概括为：第一，尽管环保法在公众参与以及环保 NGO 法律地位方面取得了很大进展，但环保 NGO 的发展依然面临诸多的制度制约；第二，环保 NGO 如何能够在法律授权和公众压力下以及环境利益冲突中保持立场中立或者说"政治正确"不仅考验环保 NGO 的智慧，也是对中国政府现代化治理智慧的考验；第三，环境问题成因复杂、受影响主体众多、社会经济影响广泛、解决方案多样且影响普遍，因此，环保 NGO 需要除具有号召力、感召力、行动力之外，还要具有更强的专业性，使得其建议、诉求和参与具有针对性和有效性。

环保 NGO 的成熟和发展，有助于确保公民环境权益的实现，最重要的是政府有可能通过环境保护这个公共问题和公共事务，尝试和推进中国的社会治理模式变革，为中国向和谐社会的平稳过渡积累必要的社会资本。

本板块探讨了空气污染治理的机制、煤炭消费总量控制方案、中国土壤污染的修复问题，以及对 20 年前一场"汽车之争"进行了回顾。

　　2014 年在空气污染治理方面，出现了著名的"APEC 蓝"现象，北京及周边地区在这一年 APEC 会议期间采取大量措施治理空气污染，使空气质量得到改善。北京市的官方评估显示，APEC 期间所采取的各项措施使各项污染物平均减排 50%，而空气质量比不采取措施的情况下改善 61.6%。作者赵立建认为，"APEC 蓝"带来的启示表明，空气污染是可防可控的，但是长期改善空气质量不能靠短期手段，需要长效措施，经济增长方式的转变和强有力的执法监管尤为重要。治理空气污染虽然有成本，但是清洁空气与经济增长的双赢是可以实现的。

　　而控煤是中国控制空气污染、应对气候变化和走低碳绿色之路的关键。在《煤炭消费总量控制方案和政策》一文中，作者认为，煤炭是空气污染、雾霾、固体废物和水污染的罪魁祸首。中国是 CO_2 排放最大的国家，在 2030 年达到峰值之前，煤炭消费必须首先降下来。本文指出，在 2016～2020 年的"十三五"规划中，煤炭的清洁化、减量化和替代化是重要的控煤措施。

　　20 年来，汽车的发展有利有弊，对空气质量来说，汽车是重要的污染源。《二十年后再看汽车论战》回顾了学者郑也夫和樊纲那场关于发展私家轿车的论战。虽然无人能对论战的结果判定输赢与高下，但 20 年来汽车产业大力发展带来的经济、环境、交通、社会后果，已经真实地呈现在大家的面前。前路如何，成为今天的决策者和消费者必须面对的尖锐问题。

除了空气污染外，《全国土壤污染状况调查公报》的发布，让土壤修复也成为 2014 年的热门话题。《土壤修复："黄金时代"远未到来》一文认为，虽然污染现实严峻，但在土壤修复市场并未看到蓬勃发展的迹象。由于立法思路有分歧、政策法规不明晰、缺乏行业和技术标准、融资模式单一、修复资金难保障、技术路线不明晰等诸多原因，资本市场对土壤修复并不乐观。

G.2

从“APEC 蓝”看中国空气污染治理

赵立建*

摘　要：北京及周边地区在2014年APEC会议期间采取大量措施治理空气污染，使空气质量得以改善。北京市的官方评估显示，APEC期间所采取的各项措施使各项污染物平均减排50%，而空气质量比不采取措施的情况下改善61.6%。“APEC蓝”带来的启示表明，空气污染是可防可控的，但是长期改善空气质量不能靠短期手段，需要长效措施，经济增长方式的转变和强有力的执法监管尤为重要。治理空气虽然有成本，但是清洁空气与经济增长的双赢是可以实现的。要使“APEC蓝”变为“常态蓝”和“中国蓝”，中国需要做到以下几点：完善法规基础，强化执法监管；建立完善的政策框架和管理系统；强化科学决策以及地方政府的实施能力；充分发挥经济和市场手段的作用；更加强化环境信息公开和公众参与。

关键词：APEC蓝　空气污染治理　环境执法监管　成本效益分析　政策评估　信息公开　公众参与

* 赵立建，能源基金会中国环境管理项目主任。

一 "APEC 蓝"的由来：从公众调侃到领导人的政治承诺

2014 年 11 月 5～11 日，中国在北京主办亚太经合组织（APEC）领导人会议，21 个国家的领导人齐聚北京。为了保障会议期间北京的空气质量，从 11 月 3 日起，北京、天津、河北、山西、内蒙古、山东 6 省区市就开始启动并实施了《APEC 会议空气质量保障方案》。经历了 10 月份多次雾霾的北京迎来了湛蓝的天空。民众发各种照片晒蓝天，并把此称为"APEC 蓝"。"APEC 蓝"一下子成了一个新词，有人将其释义为：形容短暂易逝、不真实的美好。例句："他没有那么喜欢你，他只是'APEC 蓝'！"网上还出现了各种对"APEC 蓝"的调侃和解释，如把"APEC 蓝"解释为"Air Pollution Eventually Controlled"（中文意思：空气污染终于得到了控制）等。

11 月 10 日，习近平在 APEC 欢迎晚宴前致辞，出人意料地大篇幅谈了"APEC 蓝"。他说："这几天，我每天早晨起来第一件事就是看看北京的空气质量如何，希望雾霾小一些，以便让各位远方的客人到北京时感到舒适一点。……有人说，现在北京的蓝天是'APEC 蓝'，美好而短暂，过了这一阵就没了。我希望并相信，经过不懈努力，'APEC 蓝'能保持下去。……我希望，北京乃至全中国都能够蓝天常在、青山常在、绿水常在，让孩子们都生活在良好的生态环境之中。这是中国梦中很重要的内容。"①

至此，"APEC 蓝"从坊间戏言变成了一种政治承诺，这体现了中国领导人的自信和政治智慧。从习近平的讲话中可以看出，中国政府并不只是为了 APEC 会议治理空气污染，这不是一个短期行为，而是长期坚持下去的承诺；

---

① 《在 APEC 欢迎宴会上的致辞》，中青在线，http://news.xinhuanet.com/world/2014－11/11319112.htm。

中国政府也不只是为了首都北京治理空气污染，而是要把整个中国的空气污染治理都承担起来。这样的承诺，特别是在世界上众多国家领导人面前所做的承诺，是一份分量很重的承诺。

这种来自最高领导人的公开宣称和承诺，对于中国的空气污染防治以及环境保护将会起到很大的促进作用，因为政府的重视和承诺是解决空气污染等公共问题的一个前提。这种重视不应该只来自政府的环境保护部门，空气污染乃至环境污染的问题从来都是涉及经济发展、能源结构、产业结构、交通运输等社会经济生活的各个方面，仅靠政府的环境保护部门，很多涉及宏观决策和各部门协调的硬措施将很难出台，或者出台后实施困难。体现政府的重视有不同的形式，其中一个形式是在中央层面由国务院出台相关文件或行动计划，在地方则由省、市政府出台相关文件或行动计划。2013 年 9 月国务院出台的《大气污染防治行动计划》以及之后各省市相应的行动计划就是一个例子。还有一种指标可以看出政府是否重视空气污染治理工作，就是在国务院或各省市政府的常务会议上有多少次关于治理空气污染工作的讨论。最近两三年，国务院及各省市政府的常务会议把空气污染防治作为专题讨论或重点讨论的次数明显增加，这体现了政府重视程度的大大提高。

二 "APEC 蓝"的措施及效果

对 APEC 会议的空气质量保障工作早在 2013 年就已经开始部署。环保部、北京市与周边地区 6 省区市共同研究编制了《APEC 会议空气质量保障方案》（以下简称《保障方案》），并在 2014 年 10 月由张高丽副总理主持召开的京津冀及周边地区大气污染防治协作小组第三次会议上审议通过。据笔者从多位专家处了解，《保障方案》与 2008 年奥运会期间空气质量保障方案基本类似，但在实际实施的过程中遇到不利的气象条件还大幅加码。来自环护部的数据显示，经初步测算，6 省区市在会议期间实际停产企业 9298 家，限产企业 3900 家，停工工地 4 万余处，分别是《保障方案》规定的 3.6 倍、2.1 倍、

7.6 倍。①

那么，采取这些措施达到了什么效果呢？除了人们直观上感受到的"APEC 蓝"外，从数据上看空气质量有什么改善呢？2014 年 12 月 17 日，北京市环保局发布了 APEC 空气质量保障措施效果评估结果。报告显示，APEC 会议期间，北京市 PM2.5 平均浓度为 43 微克/立方米，如果北京市和周边地区没有共同采取会期保障措施，则会期 PM2.5 浓度预计将会达到 69.5 微克/立方米，比实际浓度高出 61.6%。评估还对北京本地采取的各项措施的贡献进行了分析②（见表 1）。

表 1　北京在 APEC 期间采取的空气污染控制措施及其减排贡献

单位：%

北京本地措施	污染减排贡献	北京本地措施	污染减排贡献
机动车限行	39.5	居民放假调休	12.4
施工工地停工	19.9	道路清扫保洁	10.7
企业停产限产	17.5		

资料来源：北京市环保局。

三　"APEC 蓝"的启示

从 APEC 会议期间所采取的空气污染治理措施及效果来看，我们可以得到以下启示。

启示一：空气污染是可防可控的。这次在 APEC 会议期间所采取的措施就像一次大型实验，通过各种手段减少了污染物的排放，各项污染物平均减排 50% 左右，而这也带来了明显的空气质量改善。人为制造的污染物的减

---

① 《区域联动　多措并举　周密部署　全力保障 APEC 空气质量》，中华人民共和国环境保护部网站，http://www.mep.gov.cn/gkml/hbb/qt/201411/t20141115_291482.htm。

② 《本市发布 APEC 会议空气质量保障措施效果评估结果》，北京市环境保护局网站，http://www.bjepb.gov.cn/bjepb/324122/416697/index.html。

排与空气质量明显改善的关系在广泛的层面得到认可，特别是增强了政府部门的信心，只要下大力气减排污染物，空气质量是能得到改善的。

启示二：APEC 会议期间空气质量改善主要靠短期措施，但空气质量的长期改善主要靠长效措施。APEC 会议期间所采取的措施基本上是机动车限行、工地停工、企业停产限产、居民放假调休、加大道路清扫保洁力度等短期措施，这些短期措施大部分是不能常态化的。而要实现空气质量的长期改善，必须要靠加强立法和执法、加严污染排放标准、改善能源结构和产业结构、完善公共交通和非机动车出行体系等长效措施。不过，在未来出现重污染预警时，短期措施并非不可以被再次采纳，尽管会给生产、生活带来诸多不便。生产、生活的不便与巨大的健康影响相比，应该两害相权取其轻，忍得一时的生活不便，减少对健康的伤害。另外，生产和生活的不便会不断地提醒政府和公众痛下决心，采取更多的长效措施减少空气污染，在未来减少和避免这样的不便。从这个意义上讲，"APEC 蓝"的短期措施在未来特定情况下（重污染预警出现时）是可以也应该被再次实施的。这样，不仅公众的健康得到了保护，政府也能更坦然地面对"只顾面子和外国官大人的舒适，不顾老百姓健康"这样的批评。

启示三：加强执法监管，既有短期效果也有长期效应，中国仍存在大范围环境违法现象。在北京对"APEC 蓝"措施效果的分析里面，没有包含对加强执法监管的效果分析。然而很明显，APEC 会议期间环保部和北京及周边省区市各级政府都加强了执法监管的力度，这大大减少了工业企业在此期间的超标排放、偷排、漏排等现象，也大大减少了污染物的排放。这或许能部分解释 APEC 会议期间各项污染物平均降低 50%，而空气质量比没采取措施的情况下改善 61.6% 的结果。因为，一般情况下，空气质量改善的幅度会低于污染物减排的幅度。

同时，通过对 APEC 期间执法检查的分析，我们也能发现，中国的环境执法监管是何其需要改善！为了保障 APEC 会议期间的空气质量，环境保护部组织了 16 个督查组，从 2014 年 11 月 3 日开始展开督导检查工作，在各地进行明察暗访，检查各地对《APEC 会议空气质量保障方案》措施的落实情况。"来自环境保护部的数据显示，截至 5 日凌晨，16 个督查组共检查企业 395 家，其中属于停产、限产名单的企业 317 家，发现未按要求进行停产、限产的企业共 33 家；检查未列入停产、限产名单的企业 78 家，31 家企业存在超标排放问题，25 家企业大气污染物治理设施未正常运行。现场检查施工场地 103 处，未按要求停止施工的 18 处，扬尘控制措施落实不到位的 37 处。此外发现秸秆垃圾焚烧 110 处；发现道路扬尘问题严重地段 30 处，其他各类大气环境问题 37 项。"①需要特别注意的一个信息是，"检查未列入停产、限产名单的企业 78 家，31 家存在超标排放问题，25 家企业大气污染物治理设施未正常运行"。也就是说，存在环境违法的比例竟然高达 71.8%！在 APEC 环境执法高压期间还存在这么大比例的环境违法，更不要说平时了。

启示四：空气污染治理应综合衡量成本和效益，实现清洁空气与经济增长的双赢。《华尔街日报》报道，根据瑞士瑞信银行（Credit Suisse）的估计，APEC 期间 6 个省区市所采取的短期措施影响了中国约 1/4 的钢铁生产、13% 的水泥生产以及 3% 的工业产值，也就是说，中国 11 月份的工业产值因此减少 0.2% ~ 0.4%。②这对于正处于增速放慢状态下的中国经济来说是一个不小的影响。除了这些短期措施外，治理空气污染的长效措施也是有成本的，如加装污染末端治理技术将增加企业和产品的成本，能源结构和城市交通的改善需要大量的公共投资，淘汰落后产能不仅会造成企业的经济损失，也会产生失业和其他社会问题等。

空气污染治理措施有成本，但不治理空气污染同样也是有成本的。拥有清洁的空气已经成为一个强大经济体的重要先决条件。清洁的空气可降低公共健康成本，提高农作物产量，减少对原材料和基础设施的破坏，减少污染后的处理费用。清洁空气也是吸引并留住世界顶级商业人才进行工作与生活

---

① 《部分地区空气质量保障措施落实不到位》，中华人民共和国环境保护部网站，http://www.mep.gov.cn/gkml/hbb/qt/201411/t20141106_291198.htm。

② Mark Magnier et al., "APEC Blue Has Chinese Factories Bleeding Red, Economists Say". *Wall Street Journal*. November 12, 2014, http://blogs.wsj.com/chinarealtime/2014/11/12/apec-blue-has-chinese-factories-bleeding-red-economists-say/.

的重要因素。

　　这再次提醒我们，任何公共决策都需要权衡各方面的利弊，不可能为了单一的目标去采取理想化的措施，因此政策和措施的成本－效益分析尤为重要。而中国现阶段还没有形成完善的、使政策措施的制定基于成本－效益分析的机制。美国在制定和评估《清洁空气法案》时，对其成本－效益进行了分析，发现美国 1970～1990 年的 20 年间，每 1 美元控制空气污染的成本所带来的健康收益是 40 美元，1990～2010 年的 20 年间，每 1 美元控制空气污染的成本所带来的健康收益是 4 美元，总体上控制空气污染所采取的措施对整个社会是正收益。而美国空气污染治理的结果也反映了这种正收益，如图 1 所示，1970～2009 年，美国的各项污染物排放综合起来下降了 63%，而美国的经济（GDP）在这个时间段共增长了 204%。[①][②] 空气污染的控制和经济的发展实现了双赢。

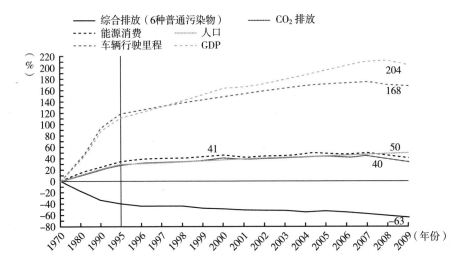

图 1　1970～2009 年美国空气污染物排放趋势与同期经济社会发展趋势对比

---

①　美国环保署（EPA）："The Benefits and Costs of the Clean Air Act，1970 to 1990"，1997，http：//www. epa. gov/cleanairactbenefits/retro. html。

②　美国环保署（EPA）："The Benefits and Costs of the Clean Air Act，1990 to 2010"，1999，http：//www. epa. gov/cleanairactbenefits/prospective1. html。

再看世界其他重要发达国家和地区，如欧盟和日本，这些国家和地区也曾经历严重的空气污染，现在也基本上控制住了空气污染，而空气污染的治理并不是影响它们整体经济表现的一个重要因素。

因此采取空气污染控制措施有成本，并在短期内可能影响经济增长，但是从长期来看，清洁空气和经济增长是可以实现双赢的，这在很多国家已经有了实例的证明，中国应该也能做到。

四　如何将"APEC 蓝"变为 "常态蓝"和"中国蓝"？

政府和社会已经形成共识，"APEC 蓝"应该变为不局限于一定时间段的"常态蓝"，而且应该成为不局限于一定区域的覆盖整个中国的"中国蓝"。然而要实现这样的目标，却不是一蹴而就的。即使是花了大力气治理空气所实现的"APEC 蓝"，会议期间 PM2.5 浓度平均为 43 微克/立方米，仍然高于年均浓度 35 微克/立方米的国家标准。

看一下各地 2014 年空气质量的改善情况，有不少进展，但同样任重而道远。根据环保部数据[①]，2014 年京津冀、长三角、珠三角区域和直辖市、省会城市及计划单列市共 74 个城市的空气质量数据显示，仅有 8 个城市达到了国家二级标准（35 微克/立方米）。这与 2013 年仅有海口、拉萨和舟山3 个城市达标相比是有进步的，特别是达标城市中包括深圳这样的千万人口且经济发达的城市，具有一定的标杆意义。2014 年北京 PM2.5 浓度比 2013年下降 4%，没有达到下降 5% 的年度目标，而京津冀其他区域以及长三角、珠三角区域 PM2.5 下降幅度都超过 10%，从监测数据上看，总体上空气质量比上一年有所改善。

根据环保部数据，在 2014 年空气质量相对较差的前 10 位城市中，河北

---

① 《环境保护部发布 2014 年重点区域和 74 个城市空气质量状况》，中华人民共和国环境保护部网站，http://www.zhb.gov.cn/gkml/hbb/qt/201502/t20150202_295333.htm。

省就占据了 7 席，分别是保定、邢台、石家庄、唐山、邯郸、衡水、廊坊。此外，还有济南、郑州和天津 3 个城市。然而这并不代表河南或者山东的空气质量就比河北好，因为河北居于京津冀重点区域，不仅省会城市和计划单列市，其他所有的地级市也被列入重点监控的 74 个城市里，而河南、山东等地只有省会城市和计划单列市被列入 74 个重点城市之中。

2014 年全国共出现两次（2 月和 10 月）持续时间长、污染程度重的大范围重污染天气，重污染天气频发势头没有得到根本改善。而各地局部的重污染现象仍然多发，北京马拉松、天津马拉松的举办都遭遇重度空气污染，引发公众关注。

要真正使"APEC 蓝"变为"常态蓝"和"中国蓝"，还有很多事情要做。

（一）完善法规基础，强化执法监管

2014 年 12 月，全国人大常委会审议了国务院提交的《大气污染防治法》修订草案，15 年没有修订的法案终于进入加速修订的通道，2015 年 8 月最终通过了有关部门新修订的《大气污染防治法》。由于近两年人们对大气污染高度关注，这项法律的修订也得到了很多关注。一个强而有力的法律会在未来 10 ~ 20 年的时间里，为中国的空气污染治理提供有力的法律基础。国家立法的几个关键点是：如何确保空气质量标准持续修订的机制，长期保障公共健康；如何建立一个达标管理的机制，对不达标区域提出更严格的要求；如何使排污许可证成为有效的执法监管工具；如何加强违法处罚力度；如何确保环境信息公开和公众参与的有效途径。与此同时，地方的大气污染防治立法似乎已经等不及中央的立法，北京 2014 年 3 月开始实施《北京市大气污染防治条例》，而上海、天津、江苏等地也在进行地方的大气污染防治条例的立法工作。

在执法监管方面，环境保护部通报了 2014 年 12 月份大气污染防治督查情况①，希望这样的工作在未来能够常态化保持，并要求各地也能开展这项工作。

---

① 《环境保护部通报 2014 年 12 月份大气污染防治督查情况》，中华人民共和国环境保护部网站，http://www.mep.gov.cn/gkml/hbb/qt/201502/t20150204_295454.htm。

（二）建立完善的政策框架和管理系统

诸多国际经验表明，空气质量的持续改善并不是一项简单的任务，不能一蹴而就，需要切实的努力以及综合的应对方案。短期的行动是不够的，必须建立良好的政策框架和细致的管理系统。而这个政策框架和管理系统需要基于一些基本的原则，这些原则包括：①研究并建立完善的空气质量管理结构；②确保足够的人员和资金投入；③应用最新的科学分析进行决策；④建立重污染应急预警和响应系统；⑤制定空气污染防治措施并基于成本－效益分析进行措施优选；⑥应用最佳可行技术；⑦协同控制空气污染物和温室气体；⑧采纳激励和处罚措施来确保实施和执法落实；⑨加强信息公开力度，鼓励公众参与；⑩开展定期的监测和评估，实现持续改善。

（三）强化科学决策以及地方政府的实施能力

2014年9月由中国清洁空气联盟（CAAC）和清华大学联合发布的《京津冀地区能否实现2017年PM2.5改善目标》的政策评估报告受到多方关注，这样的对政策措施进行的科学评估正是各个地方政府在制定和执行地方大气污染防治行动计划中所缺乏的。这需要政府有意识、有意愿在这方面进行努力，需要科研机构及社会组织与政府更密切地合作，也需要更多的政策工具与相关的培训和能力建设。2014年我们看到了京津冀地区的市长空气污染防治培训以及以空气污染防治为专题的全国环保局长培训，这样的专业培训需要更多。

（四）充分发挥经济和市场的作用

2014年，排污费征收标准天津提高7倍，北京提高十几倍，这些都是更多地利用经济手段和市场手段推进大气污染防治的举措。2014年9月，国家发改委、财政部和环境保护部发布了《关于调整排污费征收标准等有关问题的通知》，从国家层面上推动提高排污费征收标准。北京、天津等地的例子告诉我们，之前的排污费征收标准太低，而更多的地方需要尽快行动。

（五）强化信息公开和公众参与

2014 年空气领域的信息公开和公众参与取得了长足进展。政府与企业对信息的公开都有了进展，尤其是《环境保护法》的修订为未来的环境信息公开以及公益诉讼打开了大门。公众与环境研究中心（IPE）、自然之友与多家机构联合推动污染源信息公开的行动取得了积极进展；2014 年陆续上线的环保 APP 对企业污染源排放信息有了一个统一的收集，使之无所遁形，基于这些信息所开展的对超标企业有针对性的宣传和施压活动也越来越有效果；《雾霾下的上市公司》把压力通过公众投资者施加到有环境违法和超标排放行为的上市公司身上。北京市企业家环保基金会（简称"SEE 基金会"）联合阿里巴巴公益基金会及能源基金会所支持的卫蓝基金支持各地的公益机构开展与空气污染防治相关的调研和公益活动；绿色和平组织不断地对空气质量信息进行分析解读排名；世界自然基金会（WWF）联合能源基金会及中国清洁空气联盟开展"地球一小时：蓝天自造"活动；野生救援的"重现蓝天"明星公益广告；等等，都在很大程度上发挥了环保组织的积极作用，调动了公众参与的积极性。最终，中国空气污染的解决离不开公众的广泛参与，有了更好的群防群治的机制，"APEC 蓝"较早地实现"常态蓝"和"中国蓝"是可以期待的。

G.3
煤炭消费总量控制方案和政策

陈 丹 林明彻 杨富强*

摘　要： 本文提出煤炭消费总量控制是中国能源低碳绿色转型的关键。煤炭开采、运输和利用的环节对生态、环境、公众身体健康和气候变化影响很大，其社会经济的外部成本很高。煤炭是空气污染、雾霾、固体废物和水污染的罪魁祸首。中国是二氧化碳排放最大的国家，在 2030 年达到峰值之前，煤炭消费必须首先降下来。

关键词： 煤炭消费总量控制　雾霾　公众身体健康　气候变化

中国是世界上最大的能源生产国和消费国，2014 年能源消费总量达 42.6 亿吨标煤，煤炭在整个能源消费中占到 66%[1]。在同期全世界能源消费结构中，煤炭占 29.9%，OECD 国家煤炭占比为 20% 左右[2]。全球煤炭消费二氧化碳排放在能源活动中占比长期稳定在 40% 左右，远低于中国 80% 左右的水平。2000 年以来全球煤炭消费产生的二氧化碳排放呈现加速上升

* 陈丹，自然资源保护协会（NRDC）中国气候与能源项目煤炭总量控制课题原高级分析员，主管和协调约 20 个课题的研究工作。林明彻，自然资源保护协会（NRDC）中国气候与能源政策主任，常驻 NRDC 北京办公室。主要关注于分析中国的气候与清洁能源政策，包括中国如何扩大其能效及可再生能源资源，并为低碳发展提供激励措施及建立系统。杨富强，博士，自然资源保护协会（NRDC）的气候变化、能源和环境高级顾问，近四十年来一直致力于中国的可持续能源战略和政策研究。

① 《2013 年中国统计年鉴》，国家统计局，2014 年 2 月 25 日。
② 《BP 世界能源统计 2014》，BP，2014 年 6 月。

趋势，其主要原因是中国煤炭消费增量的大幅提升。

改革开放以来，中国的经济发展取得了令世人瞩目的成就，2012年跃居世界第二大经济体。以煤炭为主的能源供应让中国实现了经济繁荣，但也让中国付出了沉重代价：环境和生态系统遭到严重破坏，公众健康遭到威胁。目前这种恶化的趋势并没有得到根本遏制。中国的资源正在被快速地消耗，尤其是对矿石能源的枯竭式开发更加剧了土地资源和水资源区域上的稀缺性。中国是世界上最大的二氧化碳排放国，按照目前的发展趋势，中国到2020年二氧化碳排放将会占全世界二氧化碳排放总量的28%左右[①]。

一 空气污染危机催生煤炭消费总量控制

近几年全国频繁出现的大面积重度雾霾已敲响警钟，现在已经到了必须痛下决心解决经济、资源和环境之间不平衡、不协调、不可持续发展的紧要关头。2013年9月，国务院出台了《大气污染防治行动计划》[②]。在"国十条"中明确载明，"制定国家煤炭消费总量中长期控制目标，实行目标责任管理"。2014年煤炭减量化、替代化和清洁化是应对空气质量恶化和降低PM2.5污染的首要的、有效的措施。当前，东部沿海的许多省份定出了煤炭消费总量的控制目标，例如北京、天津、河北、山东以及长三角、珠三角和西部地区的陕西省都已经开始制定煤炭总量控制方案。当前雾霾污染已在全国呈蔓延之势，辽宁中部、武汉、山东、长株潭、成渝、陕西关中、甘宁、新疆乌鲁木齐等城市群雾霾频发，海峡西岸城市群空气污染天数也快速上升。随着城市化和经济扩张，全国性的空气污染趋势将会继续恶化。在2013年74个有PM2.5监测的城市中，只有3个城市达到年平均浓度35微克/立方米的要求（世界卫生组织的第一阶段标准）。为应对空气污染，"国十条"提出"通过逐步提高接受外输电比例、增加天然气供应、增加非化

---

① 林明彻、杨富强等：《中国可持续能源发展战略》，《中国能源》2013年第1~2期。

② 国务院办公厅：《国务院发布〈大气污染防治行动计划〉十条措施》，http://www.gov.cn/jrzg/2013-09/12/content_2486918.htm。

石能源利用强度等措施替代燃煤"[1]，这些措施引起了公众的关注。目前，国家主要煤炭基地获批了不少新建燃煤电厂项目，此外，一些煤制天然气项目也获得了路条，预计 2020 年产能要增加到 500 亿立方米。这些措施引发人们对污染转移和二氧化碳排放量增加的担忧。若要有效地控制全国各地的空气污染，除了京津冀、长三角和珠三角削减煤炭利用之外，其他地区也应同步控制煤炭消费量。各区域、省和城市应该遵循"空气质量不得恶化"的基本原则，制定本地区环境容量指标。因此，制定并贯彻实施全国、各地区和主要耗煤部门的煤炭消费总量控制目标势在必行。

二 中国大力推进低碳转型

国家发改委能源研究所北京能源系统中心基于展望和回望型视角分别设定了三种不同的经济社会和能源发展情景，包括节能基准情景、煤炭消费控制情景和激进情景[2]。在节能基准情景中，煤炭消费在 2030 年以前稳定增长，峰值不超过 34.4 亿 tce；2030 年以后，天然气和可再生能源等其他能源替代效应加强，煤炭消费量开始缓慢下降，2050 年降至 30.4 亿 tce，占比仍达 46.3%，为能源消费主体。非化石能源比重提升较快，2020 年达到 14%。2020 年单位 GDP 碳排放强度较 2005 年下降 45%。

在煤炭消费控制情景中，煤炭消费提前至 2020 年达到峰值 29 亿 tce，受益于天然气和非化石电力的快速增长，2020 年开始逐步下降，2050 年煤炭消费量仅为 16.8 tce，占比显著降至 28.8%。非化石能源比重快速提升，2020 年达到 15%，2030 年达到 22%，2050 年达到 40%，超过煤炭成为最主要能源品种。碳排放 2025 年达到峰值，2030 年以后持续显著降低。2020 年单位 GDP 碳排放强度较 2005 年下降 48%。

---

① 国务院办公厅：《国务院发布〈大气污染防治行动计划〉十条措施》，http：//www. gov. cn/jrzg/2013 – 09/12/content_ 2486918. htm。

② "中国煤炭消费总量控制方案和政策研究"能源研究所课题组：《中国煤炭消费总量控制情景研究》，2015 年 1 月。

在激进情景中,煤炭消费提前至 2018 年,达到消费峰值 29 亿 tce,2018 年后较快下降,2050 年降至 14.2 亿 tce,煤炭消费比重低于 26.5%。非化石能源消费比重大幅快速提升,2050 年达到 46%。碳排放 2022 年前达到峰值,然后持续快速下降,2050 年降至 2010 年排放水平。2020 年单位 GDP 碳排放强度较 2005 年下降 50%。

推动能源结构转型已成为中国现阶段需应对的紧迫任务。为实现这一目标,中国应在以下方面展开工作和努力。

(一)改革现有的能源管理机制

中国政府在"十三五"(2016~2020 年)将采用碳减排总量控制的方案来约束碳排放的增长,并为全国在 2016~2020 年建立全国碳交易市场奠定基础。中国目前有《可再生能源法》《节能法》和已经开始实施的《环境法》,这为中国的节能减排奠定了很好的法律基础。相比之下,中国在气候变化和减碳问题上仍然缺乏强有力的法律支撑。在推动国家法治的改革中,有关部门正积极地推动《气候变化促进法》的立法,此外还有与之配套的《能源法》出台和对《大气法》《煤炭法》等法律的修改。有了这些法律的支撑,在立法执法的程序上就能够使碳排放强度或碳总量得到控制,为绝对量减排打下牢固坚实的基础。

(二)对环境污染宣战是推动碳减排的一个重要推力

生态红线和环境质量的硬性规定可以促进企业严格遵守环境标准,积极减少污染物的排放。对企业来讲,减少煤炭的消费以及更有效地减少污染物排放的技术和措施,可以与减碳相互促进。在改善环境质量的同时,将一些投资、技术和措施协同效应好的项目作为优选。在适当时机,应该将二氧化碳列为污染物,与其他污染物的排放治理一样,要同等重视。

(三)中国正在建立碳交易市场

中国政府目前在两省五市中推广碳交易市场试点,希望尽快推动全国碳市场的建立。利用碳交易市场机制是中国在积极应对气候变化上一个重要的举措。针对目前国际碳交易市场不景气以及存在的许多先天性或后天性缺陷和弱点，中国在建立碳市场中应该尽量避免其他国家出现的问题，使自己的碳市场能够健康地发展壮大。其先决条件不仅有法律的问题，也有数据可靠性系统建立的问题，同时诚信和惩罚措施更要有效地结合起来。

（四）推动资源税、碳税、生态税，取消矿石能源补贴

积极地推动和采用税收等市场杠杆减少二氧化碳排放。在煤炭和其他矿石燃料的开发中应该逐步推广资源税。碳税是一个很好的减少碳排放量的税种。目前大家所关注的是碳税和碳交易市场如何紧密结合而不是将二者对立起来。国外有碳税和碳市场共同发挥作用的经验。开征生态税对于中国地区，比如说东部、中部、西部的二氧化碳排放的政策差异化，是一种有效的手段。取消政府对矿石能源的补贴，使能源价格由市场供需关系决定，使天然气和其他非常规天然气能够更快地被开发利用。在煤炭、石油和电力部门也应该积极取消补贴，逐步实现外部成本的内部化、价格化。

三 煤炭消费总量控制触发新一轮能源部门改革

（一）煤炭消费总量控制方案可印证和借鉴国际经验

20世纪五六十年代，发达国家的能源消费以煤炭为主，这带来了许多环境问题和公众健康的问题。例如，1952年12月爆发了伦敦烟雾事件，一周之内造成几千人因空气污染而死亡。当时欧洲和美国的许多大城市也是煤烟笼罩，严重威胁了公众健康和经济发展。环境恶化与城市空气污染也催生了20世纪70年代保护环境的公众运动的兴起。发达国家利用当时可以大量获得的石油和天然气资源代替了煤炭。世界自此从煤炭消费的时代进入了石油消费的阶段。煤炭也从主要能源退居到次要地位。发达国家的煤炭消费总量经历了一个由下降到保持较稳定的过程。近年来在应对气候变化的大背景

下，大部分发达国家的煤炭消费总量都趋于进一步减少。从发达国家的经验来看，煤炭的减少不仅仅在于市场机制，也在于石油和天然气这些替代能源的出现，更重要的是由于煤炭的消费对环境和公众身体健康造成了严重影响。总体而言，公众健康、环境保护和替代能源的发展是推动煤炭消费降低的三个主要驱动力。

（二）煤炭消费总量控制是能源总量控制的核心

"十二五"规划，不仅提出了能源强度的目标，同时也提出了能源消费总量控制方案①。这两个目标可谓相辅相成。煤炭是能源消费总量控制的核心。煤炭排放的污染物一般是天然气的 1.2～1.5 倍，排放的二氧化碳是天然气的 1.7 倍。过去一两年能源消费总量控制的进展差强人意，关键是没能抓住核心问题。我们一方面要控制煤炭总量、压减煤炭消费，另一方面要促进可再生能源和清洁能源的发展，提高其在能源消费总量中的占比，两方面并重才能有效降低能源强度并控制能源消费总量。当前要重点抓好煤炭总量控制方案和政策的研究。

（三）煤炭消费总量控制方案可以加速能源转型

中国必须转变目前的经济发展模式和经济结构。此前的高污染、高排放、高投入、低效率和低产出的模式已经走到尽头。中央政府着眼改革，走"经济建设、政治建设、文化建设、社会建设、生态文明建设"五位一体的发展道路，其中把生态文明建设放在重要地位，为今后的经济可持续发展夯实基础。能源是经济发展的引擎，经济转型离不开能源部门的清洁转型。目前中国以煤炭为主的能源结构是高碳并低效的。据国家统计局初步核算，2014 年能源消费总量为 42.6 亿吨标煤，煤炭在整个能源消费中占到 66%。②如果不进行能源转型，经济增长模式和结构的转变就很难实现。而能源转型

---

① 中华人民共和国国家统计局：《2013 年国民经济和社会发展统计公报》，2014 年 2 月 24 日。
② 中华人民共和国国家统计局：《2014 公报解读：单位 GDP 能耗下降 4.8% 意味着什么》，http://www.stats.gov.cn/tjsj/sjjd/201503/t20150308_690781.html。

的关键在于减少对煤炭消费的依赖。2014 年全国煤炭消费总量的降低是
1978 年改革开放以来的首次，意义深远。

四 煤炭消费总量控制促进环境保护、
资源节约和气候变化目标的实现

（一）煤炭消费总量控制推动煤炭产业的可持续发展

许多研究表明，目前煤炭生产开发对环境和资源造成很大的破坏，达到
绿色、安全、高效要求的产能只占煤炭产量的 40% ~60%[①]。据统计，2012
年产生煤矸石 5.6 亿吨，全国堆存 62 亿吨，占地 2 万公顷。矸石山自然和
缓慢氧化排放的二氧化硫约 110 万吨。煤炭生产造成土地塌陷达 130 万公
顷，复耕率不到 62%。矿井开采排放瓦斯约 340 亿立方米，抽采 140 亿立
方米，利用 60 亿立方米[②]。煤炭燃烧会排放多种污染物，如氮氧化物、硫化
物、汞、粉尘、黑炭和二氧化碳。据统计，在 2012 年主要污染物排放量中，
二氧化硫 2118 万吨，氮氧化物 2338 万吨，烟尘 1226 万吨，工业废水约 4 亿
立方米，固体废物 443 万吨，二氧化碳 88 亿吨。上述污染物超过 60% 来自煤
炭的开采利用。据中国煤炭工业协会通报，2013 年煤矿死亡和失踪人数 1067
人，死亡率为 0.29 人/百万吨。不间断、大规模挖煤产生的漏斗、水位下降以
及水污染等问题对水资源造成了极大破坏。以山西为例，每开采 1 吨煤会破坏
2.48 吨的地下水，同时煤炭开采还将污染地表的饮用水。

（二）煤炭消费总量控制会产生良好的环境和健康协同效应

煤炭燃烧排放的汞占到全国汞排放的 40% 以上，汞等重金属严重污染
了土壤。在目前各地的 PM2.5 的空气污染中，煤炭利用和燃烧的一次性

[①] "中国煤炭消费总量控制方案和政策研究"煤科院课题组：《基于煤炭消费总量控制的煤炭
行业发展研究》，2015 年 1 月。

[②] 王庆一编《2013 能源数据》，2013。

PM2. 5 贡献率为 62%，二次性 PM2. 5 贡献率在不同地区为 50% ~ 61%，平均 56%[1]。大面积空气污染的产生与煤炭的燃烧利用以及工业废气的排放紧密相关。除了直接污染物排放以外，煤炭利用所排放的化学污染物是形成 PM2. 5 的主要化学前体物。要改善公众健康，减少空气污染，首先要消除煤烟污染，这是成本低、见效快的主要措施之一。控制煤炭消费总量具有十分显著的保护环境和改善健康的协同效应。根据《2012 年煤炭的真实成本》[2] 的报告，煤炭开发、运输、燃烧利用所造成的环境和健康影响成本为 260 元/吨，二氧化碳排放的损失和危害估算约 160 元/吨，总成本 457 元/吨或更高。2012 年耗煤 35. 3 亿吨，总真实成本 1. 6132 万亿元/吨，占 2012 年 GDP 总量的 3. 2%。更多更新的研究将表明，煤炭消费总量控制带来的环境和健康效益会越来越显著。在目前的机制中，环境税费仅 30 ~ 50 元/吨，大部分集中在生产端，而消费端的排污费仅为 5 元/吨。环境税和碳税已提上日程。

（三）煤炭消费总量应该受到生态红线的约束

中国经济依靠拼资源与拼环境取得了过去几十年的高速发展。建立生态文明制度的重要步骤就是划定一系列生态红线，使未来的经济发展受到生态红线的约束。"国十条"制定了各地区到 2017 年 PM2. 5 浓度下降的目标，这些目标要坚决完成。根据国际卫生组织的标准，PM2. 5 过渡时期的三个目标分别为年均 35 微克/立方米、25 微克/立方米和 15 微克/立方米，空气质量准则为年均 10 微克/立方米。我们认为，全国 PM2. 5 下降的目标在 2025 年应该达到国际卫生组织的第一阶段推荐值（35 微克/立方米），然后再用 10 年的时间达到第二阶段的推荐值（25 微克/立方米），到 2045 ~ 2050 年能够与世界上发达国家的空气质量水平相当（10 ~ 15 微克/立方米），这应当是空气质量的红线。除此以外，中国面临的水资源挑战更加严峻。中国

---

① "中国煤炭消费总量控制方案和政策研究"课题组：《煤炭对大气污染的贡献》，2015 年 1 月。
② "中国煤炭消费总量控制方案和政策研究"课题组：《煤炭的真实成本》，2015 年 1 月。

人均水资源量比世界平均水平低 25%。我国北方地区的水资源是全国平均水平的 1/10。我国煤炭资源和水资源呈逆向分布，中部及近西部煤炭资源占全国的 73.6%，水资源仅占全国的 22.7%①。水资源贫乏的局部地区，因为也是中国主要的煤炭基地、发电基地和煤化工基地所在地，所以出现对水资源的过度开采。因此，北方和西北部地区要坚决贯彻实施最严格的水资源标准，对能源利用，尤其是煤炭利用要划出红线。对水资源的约束也可以促使煤炭开发和利用项目加强节水措施。根据清华大学和自然资源保护协会的报告，"十一五"的节能所产生的节水效果，相当于一条黄河的水量②。因此，节能和节水应该紧密地结合起来，都作为国家经济发展的基本的强制性约束条件。水科院的报告分别对主要耗煤产业和地区做出刚性水资源约束要求，提出以水定煤。该报告指出，如果按照煤炭原有的发展模式，现有的耗水和严格的节水模式都不能满足水资源供应。只有在煤控的情景下及严格节水模式下的耗水模式才能满足水资源供应。14 个煤炭基地以及北方——尤其是西北地区，要严格遵守以水定煤。

（四）气候变化要求煤炭的消费首先达到峰值

中国实施煤炭总量控制，减少二氧化碳排放。中国是世界上最大的二氧化碳排放国。中国 2013 年排放的二氧化碳约 87 亿吨，人均二氧化碳排放量超过欧盟人均水平。

如果目前的排放趋势没有发生变化的话，根据联合国环境规划署预测，到 2020 年，即使在中国实现碳强度目标下降 "40%~45%" 的情况下，排放规模也将接近经济合作与发展组织（OECD）所有国家当前的排放量总和（2011 年 OECD 能源相关二氧化碳排放为 123.4 亿吨）③。中国政府应对气候

---

① "中国煤炭消费总量控制方案和政策研究"水科院课题组：《实施最严格水资源红线要求 约束煤炭开发利用》，2015 年 1 月。
② 《"十一五"的节能产生的节水效果》，清华大学和 NRDC 报告，2015 年 1 月。
③ "中国煤炭消费总量控制方案和政策研究"课题组：《碳排放对煤消费总量控制的约束和协同效应分析》，2015 年 1 月。

变化的战略、政策和措施是人们关注的重点。煤炭消费总量控制是中国减少二氧化碳排放的利器。气候变化给中国造成了严重的影响和损失，根据"中国气候变化适应战略"，气候变化严重影响中国的经济可持续发展、水资源、粮食安全和公众健康。具体而言，粮食有可能在 21 世纪末减产 25%以上。在达到二氧化碳排放峰值之前，中国应该提前达到煤炭消费量峰值。中国在新的气候变化条约谈判中要向全世界表明中国的应对方案。如果能够有效控制并减少煤炭总量，中国的二氧化碳排放峰值也将随之改变。2014 年中国煤炭消费量下降 2.9%，导致 2014 年二氧化碳排放比 2013 年降低 1%。

五 煤炭消费总量控制提高技术进步、推动部门和煤炭基地摆脱煤炭依赖

（一）煤炭消费总量控制能提高能源系统效率

节能是中国能源战略的核心之一，20 世纪 80 年代以来，节能目标的落实保证了中国以更少的能源消费实现经济的高速发展。我们推算，如果采用世界平均的能源消费结构模式，假设其他条件照常，中国能源系统效率可以提高 18% ~20%。而由于煤炭效率低，要提高以煤炭为主的能源效率需要投入更多的资金与技术。如果能采用更清洁的能源，终端能源的效率会相对较高。

《中国能流和煤流图 2012》[①] 报告指出，能源系统如果采用品质高的能源如天然气、可再生能源等，便能在能源种类、转换应用等环节提高能源系统效率。能源系统效率在 1980 年、1995 年和 2012 年分别为 25.9%、32.1% 和 36.1%。煤炭系统效率在 2012 年为 31.2%，显然过高的煤炭消费使中国整个能源系统效率处于较低的水平。通过控煤方案，估计能源系统效率将在 2020 年、2030 年和 2050 年分别达到 38.5%、40.2% 和 44.1%。中

---

① "中国煤炭消费总量控制方案和政策研究"课题组：《中国能流和煤流图 2012》，2014 年 12月。

国能源系统效率可以在 2030～2040 年赶上发达国家在 1990 年末的水平，2050 年可以与之并驾齐驱。

在煤炭的消费总量控制中，节能被认为是一种额外要求。由于煤炭消费总量控制对主要的耗能企业有所要求，促进企业更好地发掘技术潜力，提高节能效率，才能实现煤炭消费总量控制的目标。在"十三五"时期我们将看到，推进节能需要其他外部力量。除了投资和技术以外，强制性的煤炭总量控制目标能够进一步促进节能的发展。能源结构转型带来的二氧化碳和其他污染物减排可达到 18%～19%。2014 年中国煤炭消费量的降低，使得年节能强度达到 4.8% 的历史新高。

（二）煤炭消费总量的控制能够加快高耗能部门过剩产能的化解

自 1949 年以来，煤炭消费总量均占能源消费总量的 65% 以上，中国长期以来以煤炭为基础的能源发展战略特征，产生了对煤炭的严重依赖。中国许多高耗能产业，例如钢铁、水泥、电解铝、平板玻璃和船舶等，只有 75% 左右的产能利用率，25% 左右的过剩产能造成了能源和投资的大量浪费。例如在钢铁行业，煤炭占钢铁行业总能耗的 70% 以上。如果能够抓好高耗能产业的煤炭总量控制目标，不仅能够压缩、淘汰、处置和化解过剩产能，而且能够提高能效，增强高耗能产业部门在国内和国际上的竞争力。不仅如此，这些部门也能在此过程中摆脱对煤炭的严重依赖，把重点放到产业的结构调整与产品质量和能源的替代上，通过采用新的、高效的、清洁的能源技术，进一步推进产业发展。可以预测，高耗能产业的峰值和煤炭消费峰值是紧密相关的，煤炭消费总量控制能够进一步促进高耗能产业峰值的提早出现。

（三）煤炭消费总量控制促进煤炭基地的改革和可持续发展

经济的高速发展对能源的巨大需求使得煤炭部门忽略了对煤炭资源的合理开采和利用，以环境与资源为代价大力开采煤炭以满足对能源的大量需求，导致煤炭部门背负几十年的债务无法还清。山西、内蒙古、陕西、宁夏、贵州等中国主要的煤炭生产省份都围绕煤炭的生产和供应来推动当

地的经济发展。经过几十年发展路径的锁定，这些能源基地的经济转型面临严峻挑战，对煤炭的依赖严重地束缚了当地的发展思路，导致历次经济调整和改革努力都无疾而终。在前十年的煤炭"黄金"发展时期，煤炭基地的经济水平仍然落后于其他地区，投资和技术研发仍被畸形地投入煤炭产业。在当前煤炭消费低迷的情况下，这些煤炭基地深刻反思，痛定思痛，决然改变。在煤炭消费总量控制的方案下，煤炭生产省份规划科学和可持续产能，制定煤炭生产总量控制目标，力图摆脱对煤炭的依赖。

（四）煤炭消费总量控制呼唤生态补偿机制的建立

山西省过去几十年来累计生产了 140 亿吨煤炭，外调 100 亿吨，支持了全国的煤炭需求和经济发展。山西煤炭生产大多以破坏当地环境生态和较高的矿工死亡率为代价实现的，在开采过程中也没有考虑如何提高回采率和合理保护利用资源。根据环境规划院有关绿色 GDP 的测算，山西省历年绿色GDP 均为负数，即山西省开采的 140 亿吨煤炭对本省造成的环境和资源损失远远大于经济收入。在这种情况下，应该控制煤炭消费总量，建立合理有效的生态补偿机制，促使煤炭基地省份有休养生息的机会，做出合理的产能规划。山西省最近表示，要控制煤炭生产，并将投资转移到非煤的产业上，寻找新的有力的经济增长点。只有控制了煤炭需求端，煤炭生产端才能相应地做出合理的调整。我们应该根据合理的产能控制来保护煤炭基地省份的自然资源。内蒙古近年来大力发展煤炭，导致许多草原生态和水资源遭到破坏。要使植被和生态环境恢复，恐怕要付出长期的、高昂的代价。设立补偿机制和休养时间，有助于煤炭部门展开深入改革，促进其实现合理的、可持续的发展。由于消费端的煤炭受到控制，产能过剩的生产基地要实施生产端的总量控制，避免仍以破坏环境为代价的无序竞争和恶性竞争。

六　能源供应安全观的新解

煤炭消费总量控制帮助重新审视能源供应安全观。2014 年，我国原油消费量为 3.08 亿吨，原油对外依存度为 59.5%。我国天然气 2014 年进口量 590 亿立方米，对外依存度为 32.2%。原煤 2014 年进口 2.85 亿吨，对外依存度为 8%①②。中国能源对外总依存度约为 17%。在全球石油和天然气市场供需形势转变的情况下，美国页岩油气的开发和自给度的提高正在改变世界的能源格局。中国可以充分利用世界石油和天然气这两个市场来改变国内能源供应和消费结构，实现环境保护与资源的可持续利用。

此外，对于现阶段空气污染的严峻形势，中国应加大力度从国际市场进口天然气，包括管道天然气和液化天然气。中国与国际石油供应国家之间没有根本的利益冲突，而是利益共同体。然而，能源供应安全的威胁仍然存在，需要做好防范和准备，特别是因价格的激烈波动对经济活动造成的冲击。现阶段，应顺利展开能源结构转型。

七　如何实现煤炭消费总量控制的目标

（一）实现煤炭消费总量控制需要利用市场和经济手段

控煤目标的设定和分解，主要采用的是行政手段，而采取更多基于市场的手段才能有效实施措施，避免人力、财力的浪费。国内煤炭价格比从国际进口的价格高，这对中国煤炭产业的竞争力发出了警告。煤炭部门是一个竞争性的市场，从中国目前的生产力和劳动力工资水平来看，国内的煤炭价格本应比发达国家的价格要低。在煤炭企业的兼并过程中，要把环境标准和健康要求以及矿工死亡率作为硬性指标，采用经济、合理的手段进行关、停、并、转，以形成几百家较大规模的煤炭生产企业，提高行业的市场竞争力。实施煤炭资源税，从价征收，对保护环境和提高资源的有效利用也很重要。对煤炭生产的省份来讲，其环境破坏较大，要在消费端征收一部分生态补偿

---

① 《2014 年煤炭进出口双降》，《中国能源报》2015 年 1 月 26 日。
② 《石油对外依存度攀升拷问能源安全》，《中国能源报》2015 年 2 月 2 日。

税，对煤炭生产省份进行补贴。征收煤炭的生态补偿税及碳税可减少对煤炭的需求，也让煤炭生产和消费过程的外部成本内部化，以便体现在价格上。有了煤炭总量控制的目标，也可以开发煤炭量的交易市场。由于煤炭总量控制，对煤的质量要求显得十分重要，市场会自动地调整对高质量煤炭的需求，降低对环境的破坏。

（二）制定落后燃煤技术设备的强制性淘汰制度，推动高效的洁净煤技术和 CCUS 技术的研发利用

目前国内外许多先进洁净煤技术已经或接近成熟，例如高效煤粉燃烧、清洁煤气化、整体煤气化联合循环发电（IGCC）技术，燃煤过程完全可实现大气污染排放指标低于现行火电行业国家标准，使用国内最新洁净煤技术所排放污染物，除了二氧化碳外，也大体可与天然气发电相比。此外，发展煤炭多联产也为煤炭利用的现代化提供了系统的解决方案。虽然中国在过去几十年一直提倡采用高效的洁净煤技术，但因动力不足而收效甚微。如果从消费端提出煤炭控制目标与污染物排放要求，就会促进高效技术的应用，增加企业投入更多资金和人力进行研发的动力和意愿。增强企业竞争力的同时，推动煤炭高效、清洁与低碳利用。煤炭在未来很长的一段时间内仍将作为中国的主要消费能源，即使煤炭消费在能源消费总量中下降到 25% 以下，中国的煤炭消费总量仍然巨大。中国必须要开发煤炭消费中的碳捕集、利用和封存技术（CCUS）。CCUS 技术的开发利用能够为许多发展中国家的能源利用提供解决方案。发展中国家在实现经济发展时，仍需要在一段时间内利用当地成本低的煤炭资源，因而 CCUS 技术对于各国应对气候变化必不可少。由于煤炭消费总量控制的施行，必然会进一步推动中国开展国际合作。中国应该在发展替代能源、节能、清洁煤技术、CCUS 技术以及相关政策研究等方面更加积极地开展国际合作。

（三）完善和促进中国能源和碳排放统计核算系统

中国能源统计数据的精确性常常受到质疑，尤其是煤炭的统计数据。从

地方、省市统计上来的能源数据和全国层面的能源统计数据差距很大，主要是因为煤炭统计数据的巨大差距。2000 年以来，地方与省、与全国的煤炭的统计数据之间的差距不断增加，以致难以处理。统计数据的差距会导致政策研究和决策上的许多失误，一定程度上影响我国的能源规划、发展战略和政策制定。为提出切实可行的煤炭总量控制方案，中国应加紧研究缩小统计误差的方法，以便推行地方的煤炭消费总量控制，推动中央和地方的统计部门协同合作共同寻找解决方案。2014 年的能源数据调整，使 8.5 亿吨的煤炭消费差距缩小到 2.6 亿吨左右。进一步的核实和调整，将会大大改善数据的可靠性。

结　语

目前，中国正在大力进行经济发展模式的转变，而能源供应和消费结构的转型会让中国的经济走上高效率、低污染、高产出的可持续发展之路。现阶段，在举国展开的这场针对空气污染的战役中，煤炭消费的总量控制是成败的关键。近几年，国内行业及学术领域已形成共识，即应在第十三个五年计划（2016~2020 年）和长期规划中，制定并实施高效的、基于市场的、强制性的全国煤炭消费总量控制目标和政策，实行目标责任管理和实施路线图，加速煤炭消费减量化和清洁化。

G.4
二十年后再看汽车论战

石 健*

摘 要： 学者郑也夫和樊纲曾在二十年前就对应否大力发展私家轿车
展开了一场著名的论战，涉及经济发展模式、生活方式选
择、能源环境承受力等一系列重大问题，引发了广泛的回响
与参与。虽然无人能对论战的结果判定输赢与高下，但二十
年来汽车产业大力发展造成的经济、环境、交通、社会后
果，已经真实地呈现在大家的面前。前路如何，成为今天的
决策者和消费者必须面对的尖锐问题。

关键词： 郑也夫樊纲论战　社会现实　政策调整

20 世纪 90 年代曾出现了一场著名的汽车大论战。胜负还没有人来评
定，但论战中的问题大多变为二十年后的现实，引发人们再次思索。

一　论战打响

人民大学社会学系教授郑也夫的一篇于 1994 年 8 月 9 日刊登于《光明
日报》的题为《轿车文明批判》的文章可以说是吹响了论战的号角，郑也
夫在文章中表明其反对中国民众家庭拥有私家轿车的观点，认为未来中国城
市的明智选择是公交、自行车，而非轿车。但这篇文章很快就受到了反击，

---

* 石健，中外对话北京办公室编辑，参与过多篇环境与能源议题文章的撰写。

一篇题为《"文明批判"的批判》的文章被刊登于同年11月8日的《光明日报》上，这篇文章的作者则是经济学家樊纲。

樊纲在文章中以经济学的视角从六个方面谈论轿车文明，并对郑也夫的文章进行了逐条辨析。这六个方面涉及了文明的魅力、发展的极限、人性的悖论、落后的悲哀等，可谓针锋相对。樊纲重要的观点是汽车系统是就业、收入、国民经济三增长的重要支撑，否定汽车业会耽误发展的论断。

不出所料，樊纲的反击很快就获得了郑也夫的回应。郑也夫在24小时内就完成了另一篇洋洋洒洒的反驳文章逐一驳斥。他回应道，一个落后国家的第一优势就是它不必重蹈先进国家的覆辙，它有机会吸取前者的教训。因此他疑惑，中国能否以一个正在遭到怀疑、明日将吞噬中国大部分能源的产业作为经济的基石。

《光明日报》编者曾评论道："从这两篇文章中可以看出，对轿车发展方式的选择，不仅是一种消费和生活方式的选择，也是一种思维方式的选择。它涉及什么是文明，怎样认识进步，如何看待发展，乃至人类未来发展模式和终极目标等深层问题"。关于要不要让轿车走进中国的千家万户这一焦点问题也引发了国内不少学者发声。1995年，郑也夫编辑的《轿车大论战》一书问世，收集了与论战相关的文章。

著名经济学家茅于轼曾表示，大家在讨论要不要发展私家小汽车时，其实，并没有人绝对反对，也没有人说要不顾一切地去发展，争论的实质是应该发展到什么程度，或者更确切地是指应该让市场本身去决定要发展到什么程度，是应该由政府对此加以扶植还是加以限制。时间退回到论战打响的那个年代，中国是毫无疑问的自行车王国，全世界也以自行车作为主流的交通工具。拥有轿车对于绝大多数的中国老百姓来说是不敢想象的。据《中国统计年鉴》记载，1994年中国每一百户家庭平均拥有192辆自行车，而私人汽车拥有总量为205.42万辆。

双方激辩中碰撞出了不少精彩的论点。部分摘录如下：

郑也夫：1907年，纽约的马车每小时走6公里，今天纽约的汽车仍

是这个速度。人们质问，为什么要发明内燃机，为什么要搞这么多年？

樊纲：纽约市在1907年马车时速6公里，现在汽车也是6公里，即便这是真的，首先也是因为现在纽约的人口更多了，而不是车多了。

郑也夫：追求轿车的人们是为了赚利，为了虚荣，还是为了社会生活？

樊纲：总之，轿车或"私车"的确是一种文明，给人以特殊的享受。你不能制止人们追求一种文明。

郑也夫：我们能够承受美国汽车文明的燃料负担吗？即使21世纪的中国有能力购买更多的石油，国际市场以至我们的地球，可以支撑一个11亿人口轿车大国的兴起吗？

樊纲：我们人类所拥有的，或潜在拥有的，不会仅仅是目前我们知道的那点资源、那点疆界、那些技术能力和那种生活方式。

郑也夫：中国城市中的每一条道路都是中间跑汽车、两边跑自行车。汽车的路大多比自行车的路还宽，至少相等。道路的修建与维护是谁掏腰包？说到底，是纳税人掏的，而纳税人又多为汽车阶层与自行车阶层。

樊纲：反对发展私车，但又不能限制有钱人有轿车不坐，有车族和无车族的差别只会越来越大，会使多数人永远处在自行车的座子上遥望越来越豪华的轿车在高速路上飞驰。

郑也夫：难道把汽车业搞上去是最终的目标吗？汽车是交通的手段、是人类役使的工具，如果过头的轿车业造就出的是窒息的交通状况，那难道是可取的吗？

樊纲：你如果指不出这样一种可供替代的产业，就总会让人怀疑你是要我们永远处在自行车、驴车的落后国家的行列而看着你们富人在那里继续大开其车，并使我们继续处在处处受富国利用其优势占我们便宜的境地。

二者你有来言我有去语，各有道理。汽车保有量的不断提高，印证了城市建设水平和人民生活水平的持续提高。然而，由于私家车不断增多而引发的一些社会问题也引起了人们的关注。双方提到的诸多问题也在21世纪的今日成为现实，化石燃料燃烧和汽车尾气排放导致的大量 PM2.5 污染目前正是中国人民的心头大患，更不用说已经存在多年的道路拥堵和税费高昂等问题。

二　话说输赢

2005 年北京电视台曾邀请二者就十年前的这场论战再打擂台，但是与郑也夫爽快地应邀截然相反，樊纲闭门谢客并不想迎战。这种举动在郑也夫看来是不敢应战的表现，郑也夫认为自己是赢了。让我们把目光远离打擂台，看看周边这二十多年的实际情况。中国轿车制造商可谓干劲十足，一门心思在生产，并未理会这场论战的纷纷扰扰。

查阅最新的《中国统计年鉴》，2013 年中国私人汽车拥有总量已高达10501.68 万辆，相比 1994 年增长了 50 多倍，以 2013 年统计的全国 136072 万人口为基数（包括城市和农村），相当于每一百人中就有 8 人拥有私家轿车。如果从单个城市考量，则形势更为惊人。以北京地区为例，根据《北京统计年鉴》记录，2013 年北京私人轿车拥有量为 311 万辆，平均每一百人中有 14 人拥有私家轿车。

如郑也夫在论战中提到的那样，社会上有人是为了炫耀而购买私家车，但客观现实中也有人是因为自身需要而购买。公共交通系统（包括汽车、电车、中巴、地铁、出租车等）的庞大功能并不能完全代替私人轿车的某些便利，比如倒车换乘不方便、带老人孩子出行不安全等。

私家轿车在中国的迅猛发展一定程度上抵消了郑也夫从论战中获得的成就感，甚至是伤了他的心。是自己的论点错了还是这个社会发展走了歪路？郑也夫在其博客中记录了 1998 年的一次专家咨询会，新上任的汪光焘副市长做了这样一番开场白。他说："今天我全天奉陪，倾听大家的意见。但有两点请大家免谈，其一是抑制轿车，其二是发展地铁，因为超出我的权限"。他一走，会场炸窝了，众多专家表示不谈抑制私家轿车与发展地铁，何谈北京交通的长治久安。

郑也夫也提到 2011 年 4 月 22 日，朱镕基在清华大学解读了《朱镕基讲

话实录》一书最后一篇文章为什么选取了他于 2003 年 2 月 1 日发表的《大力发展公共交通》。朱镕基谈到了中国国情，从城市人口众多、交通承载有限、燃料进口依存度高、尾气污染严重等多方面表达了其并不赞成每个人都去买小汽车，而是应该适当地发展小汽车，政府不要花那么多钱去补助推动。中国应该大力发展公共交通，发展公共汽车，发展城市轻轨交通，还可以发展磁悬浮高速列车。"总之，我们一定要把更多的精力和注意力放在发展公共交通方面，不要放在发展小汽车上面去啊！"在樊纲高挂免战牌后，郑也夫并未停止对私家轿车发展的批判和对发展公共交通等其他方式的推崇。

1995 年，他撰文提出应以交通补贴置换局级以下干部的公车，如果官员不进入其中，市民便永远不会拥有高质量的公交系统。1996 年他提出设立公交专行道。2004 年他一反"抑制私车"的提法，提出政府在修路费上偏袒有车族而促进了购车狂潮。2005 年他撰文细化了这一问题，谈到有车族大约只承担了北京道路修建费的 19%，这是严重的政策偏袒。

为了解决堵车问题，势必要多修道路，增加立交桥，这些都是花费巨大的工程。如果工程费用不是由开车上路的人负担，就会由其他百姓负担。这不但不公平，而且会鼓励大家去买车，造成马路上格外地拥挤，因为使用马路不必付费。

2008 年燃油税出台之前，他曾谈到要对稀缺物资的消费征收重税，每升 1 元的燃油税完全不能向社会提供资源短缺的信号。这一额度不仅低于欧盟国家（约合人民币 6 元/升），也低于我们周边国家和地区，唯独接近美国。但我们不能效仿美国的生活方式，我们没有那么多资源。二十年后论战的意义和价值依然没有消散。从二十年后的今天来看，郑也夫谈到的很多问题都真实地出现了。尽管社会的发展并没有避免这些问题，但郑也夫表示他依然坚持自己的观点并深信不疑。

二十年后的今天，尽管擂台不再热闹，但有关私家汽车发展这个话题却走进了更多民众的视野。虽然无人可以对二者论战判定高下，历史也不会停下前进的脚步，但由它引发的思考和诸多质疑在历史中留下了真实的痕迹。

三 前路如何

在解决轿车发展带来的一系列问题上，整个社会今日也做出了诸多调整，尽管看起来是被动为之。近年来，面对日趋严重的空气污染和交通拥堵，北京、天津、上海等诸多城市先后实施了小汽车增量调控、尾号限行等措施，甚至更为严厉的限购令。

2014年 APEC 会议期间，华北多地实行了严格的车辆限行措施，鼓励市民乘坐公共交通工具出行。限行带来了明显的效果，路上不拥堵了，雾霾也暂时消散了。但要从根本上解决由数量庞大的汽车所产生的尾气污染，还应该重点发展公共交通。在城市中大力推广清洁型公共交通是十分必要且十分可行的，让广大市民享受公共交通便利、优先发展公共交通已成为城市发展的必然选择。

G.5

土壤修复："黄金时代"远未到来

刘虹桥*

摘　要：　《全国土壤污染状况调查公报》发布，让土壤修复成为2014年的热门话题。但是，严峻的污染现状和中央高层的明确表态并未能把土壤修复市场带进蓬勃发展的行业春天。实际上，由于立法思路有分歧、政策法规不明晰、缺乏行业和技术标准、融资模式单一、修复资金难保障、技术路线不明晰等诸多原因，资本市场对土壤修复已显现出迟疑。与此同时，由中央财政出资启动的湖南长株潭重金属污染耕地修复综合治理试点项目，继续沿用国家主导的"探路"模式，治理方案亦受争议。关于土壤修复前景的浪漫想象，仍要面对多方利益纠葛的现实。

关键词：　土壤污染现状　土壤修复现状　《土壤污染防治法》争议
　　　　　土壤修复市场

2014年4月17日，环境保护部和国土资源部联合发布《全国土壤污染状况调查公报》（简称《公报》），首次揭开中国土壤污染的真实面纱。

从《公报》看，中国土壤现状并不乐观：全国土壤总超标率为16.1%，耕地点位超标率为19.4%，林地、草地、未利用地的超标率亦超过10%。

＊　刘虹桥，"中国水危机"与"中外对话"合作水项目研究员，曾供职于《南方都市报》和财新传媒。关注泛环境、健康、科学议题。

虽然学界、业界对此次调查方法和结果存有争议，但《公报》仍向世人勾勒出一个前所未有的中国土壤污染轮廓。两部委坦言，"部分地区土壤污染较重，耕地土壤环境质量堪忧，工矿业废弃地土壤环境问题突出"。

《公报》在明确中国土壤污染严峻现状的同时，也催生出一系列关于土壤治理的浪漫想象——环境保护部将出台《土壤污染防治行动计划》，催生短期千亿元、长远期达万亿元规模的土壤修复市场，土壤修复将成为中国环保产业最生猛的力量。

这些猜想并非空穴来风。在2014年初的全国"两会"上，国务院在政府工作报告中明确提出"坚决向污染宣战"。3月，环境保护部原部长周生贤对这场"战争"进行了分解，指出要打好大气污染、水污染、土壤污染防治"三大战役"。但是，严峻的污染现状和中央高层的明确表态都未能把土壤修复市场带进蓬勃发展的行业春天。实际上，由于政策法规不明晰、缺乏行业和技术标准、融资模式单一、修复资金难保障、技术路线不明晰等诸多原因，资本市场对土壤修复已显现出迟疑。与此同时，由中央财政出资11.5亿元于2014年4月下旬启动的湖南长株潭重金属污染耕地修复综合治理试点项目，继续沿用国家主导的"探路"模式，治理方案亦受争议。

一　污染现状

1.《全国土壤污染状况调查公报》初揭污染家底

2006年7月，环境保护部和国土资源部启动首次全国土壤污染状况调查。在此期间，土壤污染及其带来的环境健康影响日渐进入公众视野，但公众申请公布土壤污染普查数据时却被告之其为"国家秘密"。

历时八年，两部委终于在2014年发布《全国土壤污染状况调查公报》，将这一"国家秘密"公之于众。根据《公报》，农业、工业、林业、未开发用地均存在不同程度的污染。其中，中国耕地点位超标率为19.4%，超过全国平均点位超标率3.3%；在点位超标的耕地中，轻微、轻度、中度和重度污染点位比例分别为13.7%、2.8%、1.8%和1.1%。

此次调查还对典型地块及周边土壤的污染情况进行重点研究。公布显示，重污染企业用地、工业废弃地、工业园区、固体废弃物集中处理地、采油区、采矿区、污水灌溉区和干线公路等典型地块的点位超标率高达20.3%至36.3%不等。

不过，这次土壤调查为普查性质，抽样点位稀疏，只能从宏观上反映中国土壤环境质量的概况。以耕地为例，每8公里×8公里的网格（即6400公顷或9.6万亩）才布设1个点位，相当于全北京范围内仅布设两个点位。但即便如此，调查结果依旧触目惊心。

2. 各类型土壤持续新增污染

用"旧账未还，又欠新账"来描述中国目前的土壤污染状况再恰当不过。现阶段，我国工业、矿业、农业、林业等部门的污染排放总量仍然很大，各类型土壤新增污染仍在持续，土壤污染防治形势严峻。

以重金属镉为例，与"七五"时期相比，土壤中的镉含量在全国范围内普遍增加，在西南地区和沿海地区增幅超过50%，在华北、东北和西部地区也增加了10%～40%。

在各土地利用类型中，重污染企业用地及周边土壤的超标情况最为严重。在两部委的调查中，黑色金属、有色金属、皮革制品、造纸、石油煤炭、化工医药、化纤橡胶、矿物制品、金属制品、电力等重污染企业用地及周边土壤的超标点位高达36.3%。

除工业污染和矿业污染之外，人类不恰当的农业生产活动还在持续污染耕地。两部委承认，"污水灌溉，化肥、农药、农膜等农业投入品的不合理使用和畜禽养殖等"是耕地土壤污染的主要原因。

3. 环境健康影响成公众关注重点

两部委在发布《全国土壤污染状况调查公报》的同时，还列举了土壤污染的三大危害。

第一大危害是对农产品产量和品质的影响，这既表现为作物减产、质量受损、经济效益损失，更表现为"长期食用受污染的农产品可能严重危害身体健康"。

第二大危害是对人居环境安全的影响。住房、商用等建设用地土壤污染可经口鼻吸入、皮肤接触等多种方式危害人体健康，未经治理直接开发建设的污染场地还会对人群造成长期危害。

第三大危害是对生态环境安全的威胁。土壤污染不仅会使土壤的正常功能受损，还可能发生转化迁移，继而进入地表水、地下水和大气环境，影响其他环境介质，威胁饮用水源的安全。

二 修复现状

1. 长株潭大规模耕地修复治理探路

摆在中国面前的一个现实挑战是，面对大规模的污染耕地，全世界范围内都没有经济有效的修复措施。近观日本，33 年来投入巨资，但最终只能以"客土法"来治理神通川流域的重金属污染，且仍留下众多后患。远观美国，超级基金管治下的数十万块棕地，仅有极小比例的重度污染场地得到修复，大量污染耕地或被闲置，或通过引入成本相对较低、修复周期漫长的植物和生物等方法进行修复。

对中国来说，污染耕地数量大到无法采用高成本的"客土法"；人口众多、均地到户的现实，使大量弃用污地的方案也难以实现。中国必须独自探路。

2014 年 4 月，财政部和农业部宣布启动全国重金属污染耕地修复综合治理工作，并在湖南长株潭地区率先启动试点。此次试点面积 170 万亩，计划在 3~5 年内实施。仅 2014 年，中央财政就拨款 11.5 亿元，湖南财政亦做相应投资。

这是迄今为止投资规模最大、治理面积最大、污染情况也相对复杂的污染耕地治理项目。此前，各级政府曾主导四川省古蔺县石屏乡耕地修复试点、宗渠村甜樱桃基地土壤污染治理试点、贵州铜仁万山区耕地治理项目，在甘肃东大沟、江西五星村、江苏河桥村、湖南临湘市、湖南凤凰县、广西大环江等地也进行过一些农田土壤或流域污染修复治理工作。

根据规划，农业部将对长株潭的试点污染农田进行分类管理，根据土壤污染程度及出产稻米的镉含量，将170万亩试点耕地划分为低度污染区、中度污染区和重度污染区。在低度污染区联用低镉品种、合理灌溉、调节酸度等农艺措施；在中度污染区采用"专业品种、专区种植、专企收购、专厂储存、农产品封闭运行"的管理办法；在重度污染区进行作物替代种植，改种非直接食用和非口粮的棉花、蚕桑、麻类、花卉等农作物。

不过，农业部的这项试点项目并不直接涉及对耕地的污染情况进行修复，其思路是管控污染进入农作物的通道，并保证受到污染的农作物不被人食用。

有土壤修复专家指出，从短期看，此类综合管控措施能够用较低的成本管控住污染耕地的环境健康影响，但从中长期看，这种不对土壤中的污染物进行修复治理的做法，实属"治标不治本"——污染土壤本身即是污染源，会对地下水、地表水等生态系统造成污染。

实际上，在"土十条"出台前，政府各部门间难以对污染耕地的修复治理目标达成共识。到底是要将污染物从土壤中去除，使耕地得到"净化"，还是应当采取相对缓和的方法，将污染控制在可接受的范围内，以保证农产品安全为底线，各级主管部门之间分歧较大。

2. 污染场地、矿区修复问题初显

与污染农田修复治理不同，污染场地和矿区修复的市场化程度相对较高，投资规模大，资金来源也较丰富。江苏省（宜兴）环保产业研究院数据库从公开渠道统计了自2006年以来的土壤修复项目。在358个通过市场行为完成的土壤修复项目中，污染场地修复项目数量过半，平均投资金额更是远超矿区修复和耕地修复项目，达5335万元。

目前正在进行的城市污染场地修复治理项目，多是在"退二进三"浪潮中留下的国有企业的历史用地。一些污染场地的污染主已无力支付修复成本，甚至一些污染场地已找不到污染主。但是，得益于发达城市土地连年升值，高成本的城市污染场地修复成为可能。最终的受益者——房地产开发商和地方政府，愿意直接或间接为城市污地埋单。但随着2014年房地产市场走低和主要发达城市房地产市场趋向饱和，此类投资动力正在减弱。

在污染场地修复项目中，政府身影依旧清晰可见。根据"十二五"规划，中央财政将拨付 300 亿元用于全国污染土壤修复，针对城市历史遗留污染土地，中央将给予 30% ~45% 的财政补助。

不过，政府部门的亲力亲为并未能改变顶层治理设计不完善、全国治理总需求不明确、治理思路不清晰的状况，并已导致诸多问题。

在宏观上，中央政府还未掌握全国重金属污染总体需求，难以提出治理总体思路，导致部分修复专项或区域规划、实施方案缺乏针对性和指导性。地方政府在进行项目选择和审批时，盲目性较大，缺乏系统和长远考虑，甚至出现中央有什么专项资金补助就被动申报此类项目的情况。

在操作层面，污染场地和矿区修复工作往往需要大量的前期调查和严格的风险评估，前期工作时间较长，而地方政府往往不重视前期调查，中央财政资金延迟下拨或下拨后项目不能开工的现象导致中央财政资金使用效率较差。

自 2012 年以来，亚洲开发银行亚洲区与可持续发展局高级能源与碳融资专家沈一杨多次参与重金属污染治理项目评审。据其观察，因中央固定比例投资，一些申报项目中也存在虚增建设规模和投资额度的现象，甚至造成有些项目过度治理、有些治理不足。此外，中央资金总体投资效率低下，地方配套资金缺口较大，多元化投融资的市场化机制还未建立。

3. 市场高开低走 万亿市场待启

早在 2013 年 12 月 8 日的中国环保上市公司峰会上，环境保护部生态司司长庄国泰就曾表示，土壤治理市场一旦打开，规模或达几十万亿元。2014 年 3 月，由环境保护部主管的《中国环境报》再次发表文章称，在中国受污染的约 1.5 亿亩耕地①中，中重度污染耕地在 5000 万亩左右②，仅修复这些耕地需要 8 万多亿元人民币。

---

① 该数字为 20 世纪 90 年代的官方预估数字。
② 同为旧的官方预估数字。

然而现实无情。迄今距离中国土壤修复标志性事件——2004年4月28日的宋家庄施工工人中毒事件已十年有余。历经十余年发展，中国土壤修复的市场规模距离环境保护部的乐观预期还相差几个数量级。

据中国环境修复网统计，2013年，中国环境修复产业的市场规模仅为67亿元，年产值20亿元，环境修复产业仅占环保产业总规模的0.19%。

据不完全统计，截至2014年，我国已注册的涉足"土壤修复"的公司有1000多家。但对土壤修复企业进行细分后可发现，近七成相关企业为土壤修复工程咨询和设计企业；设备制造企业虽在近两年增长迅速，但总量上全国只有35家，且主要集中于小型设备制造；而行业内的技术研发企业多为大型环境科研院所，具备研发能力的企业少之又少。

细观现阶段土壤修复市场，政府是最大的推动者。"十二五"早期，国家开始重视土壤污染防治工作，出台多项政策，并投入专项资金。2009年11月，环境保护部提出《关于加强重金属污染防治工作的指导意见》，2011年，国务院批复《重金属污染综合防治"十二五"规划》和《湘江流域重金属污染综合治理方案》，这三个文件宣告着中央层面修复污染土壤的开始。

但是，随着这些由政府主导的修复治理项目的问题逐渐显露，中央资金投入趋向审慎。同时，由于融资渠道单一、商业模式不完善、技术规范缺失、治理责任与付费模式不清，市场资本投资土壤修复也多有顾虑。

中国国际工程咨询公司资源和环境业务部副主任于晓东认为，现阶段的土壤修复行业与20世纪90年代的一些基础建设领域相类似，最初由中央资金投入，市场感觉需求旺盛但难以把握，最后中央资金超过市场投资总量，导致中央资金不敢再向土壤领域过多投入，对行业发展造成伤害。

有行业分析人士认为，目前，中国土壤修复产业刚刚进入起步期。对比美国土壤修复产业的发展路径，中国现阶段的发展水平大约对应于美国20世纪90年代中期。未来十年，随着中国城镇化和工业化达到更高水平，环境治理市场才会真正打开。

"土壤修复，总体形势是很好的，可以说是未来环保产业最大的一块处女地。未来如果做得好，会出现很多上市公司。如果不好好做，现在很多企业会砸牌子。"中国社会科学院地理科学与资源研究所环境修复中心主任陈同斌分析道。

三 顶层设计未突破

国务院在《近期土壤环境保护和综合治理工作安排》中提出，"到2015年建立土壤环境保护政策、法规和标准体系"。但如今，土壤立法并无重大突破。

1.《土壤污染防治法》争议重重

土壤立法工作的启动可追溯到第十二届全国人大常委会，土壤环境保护首次被列入立法规划的第一类项目。立法工作由环境保护部牵头，会同发改委、国土部、农业部等部门成立土壤环境保护法规起草工作领导小组、工作组以及相应的专家组。

全国人大环境与资源保护委员会法案室副处长丁敏透露，根据目前的立法时间表，《土壤污染防治法》草案的修改和完善工作预计将在2016年底完成，于2017年完成审议工作。

目前，各部门对《土壤污染防治法》存在诸多争议。在总则层面，仅对立法目的就出现了两种截然不同的观点：到底应该保证土壤环境质量，还是应该保证土壤中农产品的质量？

若立法目的是为了保证健康的土壤环境，那就意味着更大规模的土壤修复，或者说更"彻底"的清污工程。若仅需做到保证生产出的农产品不超标，允许超标土壤存在，那就意味着诸如长株潭耕地修复治理工程的污染管控项目或将成为未来污染农田治理工作的主流。

在目前的政府框架下，环境保护部、国土资源部、农业部等多部委的工作内容都涉及土壤，这就使得立法者在责任划分上需要协调各部委利益。在调查制度、标准、监测、评估、修复、资金、耕地保护等诸多具体工作的责任划分上，争议尚存。

业界、学界常说"水土不分家",意思是土壤与地下水应当作为整体来考量,无论是污染还是修复,都不应割裂开来。这就产生了另一个争议,《土壤污染防治法》是否应当对地下水的污染做出规定?

另外一个争论重点是耕地土壤的污染防治问题。因为直接影响到农作物生产、食品安全和公众健康,又因为许多耕地污染无主可诉,耕地土壤保护和修复的筹资机制、法律责任、修复标准等问题成为各种利益的主要交锋点。

2. 政策标准待完善

与土壤立法工作并进的,是俗称"土十条"的国务院《土壤污染防治行动计划》的制定和审议工作。早在2014年3月18日,环境保护部常务会议就已审议并原则通过《土壤污染防治行动计划》,同时已上报国务院。环境保护部当时称,"土十条"将在2014年内发布。

环境保护部消息称,"土十条"提出"依法推进土壤环境保护,坚决切断各类土壤污染源,实施农用地分级管理和建设用地分类管控以及土壤修复工程"。其目标是,到2020年中国农用地土壤环境得到有效保护,土壤污染恶化趋势得到遏制。

此前,国务院围绕空气污染问题发布"大气十条",国家行政规划对土壤修复的推动作用明显。有"大气十条"在先,"土十条"也有望成为下阶段土壤污染修复治理工作的纲领性文件,为土壤修复市场注入一剂"强心针"。

在"土十条"之外,完善土壤环境质量标准、推出土壤修复标准和修复技术标准等工作也迫在眉睫。

另外,土壤修复产业的发展模式也缺乏明确的制度框架。各部委对环保产业采取的发展模式各异:财政部主推政企合作、风险共担、利益分享的"公私合营"模式;发改委主推强调市场化机制,第三方垫资、融资、按效果付费的"第三方治理"模式;环境保护部则提倡环境综合服务。未来仍需要探索更切合中国实际的产业发展模式。

政策与治理

Law and Policy

纵观 2014 年生态环境保护领域的诸多事件，《环境保护法》历经波折终得修订颁布无疑是最为重要的一件。本板块中的四篇文章，围绕《环境保护法》修订、实施前景、配套的司法及政策措施、对特定行业的影响等，进行了多角度的揭示与分析。

正如作者郄建荣所言：立一部法律，特别是立一部有价值的法律固然不容易，但是，与立法相比，切实实施法律更加不容易。《2014 年中国环境立法进程》一文，除了细致地梳理立法过程外，更重要的是指出了在现实的利益和行政格局下，有关部门对新《环境保护法》的执行力能否得到有效加强面临着严峻考验。

《环境信息公开：重点突破与深化》、《数说环境刑事司法新态势》两篇文章，用一系列的资料和数据说明《环境保护法》要真正发挥"史上最严"的震撼效应，需要执法、司法、政策、舆论的统合行动，在环境信息公开、环境影响评价、企业环境行为核查、环境行政或刑事诉讼方面，进行切实有效的制度建设、能力提升和公众动员。目前，这些工作虽有一定程度的进展，但只是走出了很小的一步。

2014 年，还有多部与环境保护相关的重要法律在立法进程中，正进行着艰难的博弈。

G.6
2014年中国环境立法进程

郄建荣*

摘　要：　2014年4月，《环境保护法》修正案获得通过，因规定了"按日计罚""查封扣押""违法行政拘留"以及强化信息公开和公众参与，明确了环境公益诉讼主体资格等亮点而被称为"史上最严"的环保法。然而展望这部法律的实施前景，应该说并不乐观。现实法律环境下"执法不严""违法不究"的沉疴以及多种因素形成的环保执法队伍"不会查""不能查""不作为""乱作为"等突出问题，短时间内恐难改变。有关部门对新《环境保护法》的执行力能否得到有效加强面临着严峻考验。《大气污染防治法》在争议声中完成修订草案，并提交全国人大常委会审议；《土壤污染防治法》《核安全法》仍在制定中。

关键词：　《环境保护法》　《大气污染防治法》　《土壤污染防治法》《核安全法》

　　2014年4月24日，第十二届全国人大常委会第八次会议审议通过了《环境保护法》修正案。新《环境保护法》获审议通过，可以说是2014年环境立法进程中的头等大事。因规定了"按日计罚""查封扣押""违法行

---

　　* 郄建荣，《法制日报》资深记者，从事环保报道10年来共采写各种体裁环境报道近3000篇，是唯一连续5年"中华环保世纪行"好新闻一等奖获得者。

政拘留"以及明确了环境公益诉讼主体资格等,而被称为"史上最严"的环保法。这部法律已于2015年1月1日起正式实施。

展望这部法律的实施情况,应该说并不乐观。现实法律环境下的沉疴,以及多年来形成的"执法不严""违法不究"等问题,期望通过一部法律,即便是"史上最严"的法律恐怕也难以得到根本改变。有关部门对新《环境保护法》的执行力能否得到有效加强面临着严峻考验。

2014年12月22日,《大气污染防治法》修订草案提交第十二届全国人大常委会第十二次会议审议;同时,《土壤污染防治法》《核安全法》已形成建议稿并报送全国人大环境资源委员会。

一 "按日计罚""公益诉讼"等新《环境保护法》亮点受关注

"按日计罚""查封扣押""违法行政拘留"以及强制企业单位公开环境信息,无疑是新修订的《环境保护法》中最核心的内容。也因此,环保部在第一时间出台4项配套办法,并且已与新《环境保护法》同步实施。

除了由这些规定构成了新《环境保护法》的特色外,公众更关心的还有新《环境保护法》设立专章规定信息公开与公众参与,特别是明确了环境公益诉讼的主体范围。可以说新《环境保护法》这两部分内容因与公众联系最为直接,得到的关注和评价也最多。

众所周知,环境保护离不开公众的积极参与和监督。新《环境保护法》第五章即"信息公开与公众参与"涉及的法律规定有6条,以如此多的法律条文来明确信息公开与公众参与的义务和权利,在我国环境立法中还属首次。

"信息公开与公众参与"这一章除了规定公民、法人和社会组织依法享有获取环境信息、参与和监督环境保护的权利外,还明确规定,重点排污单位应当如实向社会公开其主要污染物的名称、排放方式、排放浓度和总量、超标排放情况,以及防治污染设施的建设和运行情况,以接受社会监督;对应当依法编制《环境影响报告书》的建设项目,建设单位应当在编制时向

可能受影响的公众说明情况，充分征求意见；负责审批建设项目环境影响评价文件的部门在收到《环境影响报告书》后，除涉及国家秘密和商业秘密的事项外，应当全文公布；发现建设项目未充分征求公众意见的，应当责成建设单位征求公众意见。

这一章第五十八条对可以提起环境公益诉讼的主体做出明确规定，即依法在设区的市级以上人民政府民政部门登记、专门从事环境保护公益活动连续五年以上且无违法记录的社会组织可向人民法院提起诉讼，人民法院应当依法受理。

新《环境保护法》有关环境公益诉讼主体资格的规定，弥补了2013年1月1日起实施的新《民事诉讼法》的不足。尽管新《民事诉讼法》从法律层面提出社会组织可以提起环境公益诉讼，但是在新《民事诉讼法》实施后，环保组织在以此为依据提起环境公益诉讼时屡屡遇阻。在新《民事诉讼法》实施前，一些环保组织如自然之友、中华环保联合会等依据一些政策规定，如2005年《国务院关于贯彻落实科学发展观加强环境保护的决定》等提起过一些环境公益诉讼，相关法院也予以受理，其中不乏胜诉的案例。但是，2013年新《民事诉讼法》实施后，由环保组织提起的环境公益诉讼却无一例被法院受理。2013年，中华环保联合会共提起8起环境公益诉讼，全部被法院拒绝受理。中华环保联合会称，这也是该年度环保组织提起的所有环境公益诉讼。2013年，在环境公益诉讼有了法律规定之后，环境公益诉讼却以零纪录收场。

2013年，各地法院拒绝受理环境公益诉讼的理由是，尽管新《民事诉讼法》有了法律原则规定，但是，具体到哪些社会组织可以提起环境公益诉讼法律并不明确。因此，法院无法区分哪些组织主体合格，哪些组织主体不合格。法院方面称，在这种情况下，法院方只能采取一刀切的做法，全部拒绝受理。

新《环境保护法》第五十八条的规定解决了新《民事诉讼法》的困惑。在新《环境保护法》实施的首日，自然之友与另一家环保组织（福建绿家园）即收到了福建省南平市中级人民法院的环境公益诉讼案件受理通知书。2015年1月13日，由中华环保联合会提出的两起环境公益诉讼也在山东省东营市中级人民法院成功立案。

新《环境保护法》设立专章规定信息公开与公众参与，并明确提出符合条件的社团组织都可以作为公益诉讼的主体，"应该说这是一个具有历史性意义的事件"，环保部政策研究中心主任夏光认为，社会力量参与环境保护的需要现在是空前明确和强烈。夏光预期，环境公益诉讼的案例也会快速增长，虽然"现在还没有太多案子出来，但很多环保组织都在跃跃欲试"。夏光说，目前环境公益诉讼没有太多案例出现的原因是，对于法律规定，环保组织需要有一个熟悉和磨合的过程。①

新《环境保护法》对环境公益诉讼主体给予明确规定后，社会普遍看好环境公益诉讼，期待它成为公众参与保护环境的一个有力手段。

2015年1月7日，新《环境保护法》的配套文件《关于审理环境民事公益诉讼案件适用法律若干问题的解释》发布，民政部国家民间组织管理局副局长廖鸿称，符合《环境保护法》及其司法解释的700余家社会组织都可提起环境公益诉讼。②

如果以这700多家环保组织每年提起一起环境公益诉讼来计算，那么法院一年至少就可审理700起案件，这在我国环境公益诉讼的历史上也算是放了天量。当然，虽然这些环保组织有资格提起环境公益诉讼，但并不意味着一定会向法院提交公益诉讼起诉书，其中很多组织会受能力和专业知识以及资金等方面的限制而无法提交。但是环境公益诉讼的前景仍然可以期待，环保组织在环境公益诉讼方面也一定会大有作为。

除了这些，"按日计罚""查封扣押""违法行政拘留"以及强制企业单位公开环境信息等均彰显了新《环境保护法》"史上最严"的特性。

环保部官员在对新《环境保护法》进行解读时曾明确表示，按日计罚处罚不设上限，也有可能出现天价罚单。此外按照新《环境保护法》规定，对23种违法行为可处以行政拘留。对于环境违法行为，旧版《环境

---

① 郄建荣：《环保部专家：环境公益诉讼案例会快速增长》，《法制日报》2015年1月12日。
② 邢世伟、金煜：《最高法：700社会组织可提环境公益诉讼》，《新京报》2015年1月7日。

环境绿皮书

保护法》规定的限期整改被替换为直接查封扣押。可以说，严刑峻罚的法律规定已经具备，但如何不折不扣地执行法律显然比制定法律更为重要，也更为艰难。

二 "执法不严""违法不究"等积习难以在短时间内消除

从 2015 年 1 月 1 日开始实施的新《环境保护法》能以全新的模样获得全国人大常委会的通过实属不易。原《环境保护法》从 1989 年开始实施，到 2014 年完成修订，历时 25 年。

《环境保护法》25 年来的首次大修经历了太多的磨难和博弈：跨越两届全国人大常委会、经过 4 次审议、两次公开征求意见……从最初负责法律修订的全国人大环境资源委员会主张小修小改，到全国人大常委会法工委主持修法进程，积极借鉴有关专家、环保部的建议，决定进行大修大动，这才有了对 1989 年版《环境保护法》脱胎换骨式的改造。整部法律 70 条，一字不改的仅保留了两条，其他的要么重新修订，要么重新起草。严谨的立法态度使得新《环境保护法》一获通过便赢得一片赞誉，"史上最严"这一说法获得社会各界的普遍认同。

立一部法律，特别是立一部有价值的法律固然不容易，但是与立法相比，实施好法律更加不容易。

作为新《环境保护法》最主要的实施主体，环保部也充分意识到了这一点，从环保部原部长周生贤到分管立法工作的副部长潘岳都在反复强调执行法律的重要性。2014 年 12 月 30 日，环保部、全国人大环境资源委员会以及全国人大常委会法工委专门召开新《环境保护法》实施动员会，潘岳强调，既然被称为"史上最严"的环保法，那么，也就必然会考验环保部门是否具有"最严格的执行力"。[①] 2015 年 1 月 15 日，全国环境保护工作会

---

① 郄建荣：《史上最严环保法期待最严执行力》，《法制日报》2015 年 1 月 5 日。

议召开，环境保护部原部长周生贤在会上强调，打响新《环境保护法》实施第一枪至关重要。

然而，进入 2015 年后，特别是新《环境保护法》实施后，一些地方发生的恶劣环境违法案件仍不断地被媒体曝光。

1 月 15 日，《新京报》报道了武汉市汉阳区永丰乡锅顶山两家垃圾焚烧厂污染致多人患癌的事件；同一天，《法制日报》报道了河北省保定市清苑金南纸厂在省市县三级环保监管部门人员的面前制造污水处理厂运行假象、COD 在线监测弄虚作假、村民联名上访无结果的问题；1 月 16 日，中央电视台报道了河北深州因制药厂长期污染导致癌症村出现等问题。

有一种观点认为，新《环境保护法》实施后，环境违法案例会大幅下降。但是，从实际情况看，远没有那么乐观。其原因在于，原有法律体制下"执法不严""违法不究"的沉疴要想在短时间内彻底消除并不现实。

环保部原部长周生贤对长期以来环境监管、环境执法存在的顽固积习进行了分析，他认为，从一些典型案件"暴露出环境执法中存在着'不会查''不能查''不作为''乱作为'等突出问题"①。环境违法案件高发确实与一些基层环保执法人员这"三不一乱"密切相关，但是，"三不一乱"现象的形成是长期积累的结果，与基层环境执法人员业务素质不高、长期执法懈怠甚至与违法企业狼狈为奸等问题紧密相关。由于这些长期得不到纠正，基层环保执法人员"不会查""不能查""不作为""乱作为"问题也就日益突出。

政府环保部门是对职业水平要求相对较高的一个部门，但是，地方（特别是县一级）的环保机构，往往成了某些领导安插亲朋好友的"闲差"部门。一些根本不懂环保业务，甚至连不了解污水处理厂如何运行、在线监测仪器都不会看的人也被安排进环保局工作，并派到一线进行执法工作。这样的问题，在基层环保部门普遍存在。

---

① 郄建荣：《周生贤要求打好新环保法实施第一枪》，《法制日报》2015 年 1 月 16 日。

全国人大环境资源委员会法案室前主任、最高人民法院应用法学研究所现所长孙佑海曾公开表示,我国符合环境法律法规要求的环境行为只占到30%左右,有70%左右的环境法律法规没有得到遵守①。

虽然新《环境保护法》制定了"史上最严"的法条,但现实是,还未能因新《环境保护法》的实施重新组建基层环保执法队伍,"新瓶仍然装的是老酒"。因此,从这个角度讲,新《环境保护法》的执行前景并不乐观。

"史上最严"的新《环境保护法》执行能否打破"执法不严""违法不究"等魔咒仍是未知数。

三 《大气污染防治法》修订草案争议不断

我国现行的《大气污染防治法》制定于1987年,其间经历了1995年、2000年两次修订。目前,正在修订的这部法律是15年来的首次大修。

《大气污染防治法》此次修订早在2006年就已经启动,2010年,修正案草案已上报国务院法制办,但此后却被长期搁置。近几年频繁出现且不断严重的雾霾污染,一方面制约了《大气污染防治法》的修订进度,另一方面又使得这部法律的修订步伐加快。

之所以说修法进程因雾霾频现而被搁置,是因为近几年来,雾霾加重是事实,以前修法没有更多地关注雾霾问题,现在必须把控制雾霾污染作为法律的一个重要方面加入修订的《大气污染防治法》中。另外,国务院2014年出台了"大气污染防治行动计划"(即"大气十条"),《大气污染防治法》在修订时也要考虑将"大气十条"的一些规定通过法律的形式固定下来。由于这两个原因,《大气污染防治法》必须要对此前的内容进行重新修订,从这个意义上说,雾霾问题在一定程度上影响了修法的进程;另外,严重的雾霾污染又在不断催促《大气污染防治法》早日出炉,从这个角度讲,

---

① 郄建荣:《期望环保法用牙齿咬住违法行为 公开污染信息比罚款更重要》,《法制日报》2013年7月31日。

雾霾污染又在推动修法的提速。

经过 8 年多的反复论证，2014 年 12 月 22 日，《大气污染防治法》修改草案提交至第十二届全国人大常委会第十二次会议审议。尽管这是《大气污染防治法》实施 27 年来的第三次修订，同时也是修改幅度最大的一次，但是，仍有观点认为，即使《大气污染防治法》修正案获得通过，可能也不会完全解决大气污染问题。这派观点认为，制定出台《清洁空气法》才是根本之策。

四　《土壤污染防治法》《核安全法》仍在制定中

到目前为止，我国已先后制定了《环境保护法》《海洋环境保护法》《水污染防治法》等环境保护方面的法律 30 余部，再加上《排污费征收使用管理条例》《建设项目环境保护管理条例》等 90 余部行政法规，我国的环保法律法规多达 120 部。

尽管有关环境的立法居各领域之首，但是一些基础法律仍处空白状态。其中，最典型的莫过于《土壤污染防治法》以及《核安全法》。

近几年来，我国土地污染问题呈日益严重态势。2014 年 4 月 17 日，由环保部与国土资源部联合发布的《全国土壤污染状况调查公报》显示，全国土壤环境状况总体不容乐观，部分地区土壤污染较重，耕地土壤环境质量堪忧，工矿业废弃地土壤环境问题突出。全国土壤总的点位超标率为16.1%。其中轻微、轻度、中度和重度污染点位比例分别为 11.2%、2.3%、1.5% 和 1.1%。

土壤污染日益严重，但却没有专门的法律对此进行规范。在千呼万唤中，2014 年《土壤污染防治法》形成建议稿并已上报全国人大环境资源委员会。

截至 2014 年，我国核工业创建已整整 60 年了，民用核能开发利用也已 30 年。环保部的统计数据显示，经过多年的发展，目前，我国在建核电机组数量居世界第一。根据国务院 2012 年批准的《核电中长期发展规

划》，到 2020 年，我国核电装机容量将达到 8800 万千瓦，仅次于美国，位列世界第二。

我国已成为名副其实的核电大国，但是核安全领域的根本大法《核安全法》却一直处于空白状态。2014 年这部法律的立法工作取得了新进展。据环保部介绍，2014 年《核安全法》已形成建议稿并报送全国人大环境资源委员会。

新《环境保护法》背景下的
金融环境风险应对

王小江　王天驹*

摘　要：　新《环境保护法》于 2015 年 1 月 1 日开始实施，对金融宏观调控部门和商业化的金融机构而言，金融生态将发生一些变化。新《环境保护法》将改变企业在环境保护方面原有的运行规则和生存状态，产生许多新的经营风险，进而影响金融生态和金融风险的变化。金融监管机构如不加以有效地控制和把握，其极有可能演化为系统性的金融风险，阻碍和威胁金融系统及金融机构的经营安全。在这个背景下，防范与控制金融环境风险的法律体系、制度体系、责任体系、机构管理体系的建设以及社会性第三方独立力量的培育，将是金融监管部门和金融机构在未来一段时期内必须面对的重要任务。

关键词：　新《环境保护法》　企业环境风险　金融环境风险
　　　　　绿色金融

---

* 王小江，河北经贸大学绿色金融研究所所长、教授，主要研究领域有金融管理，项目评估，风险管理，损害赔偿，股权、债权操作实务，金融产品设计，资金的绩效管理与评价等。与多家国际组织合作参与绿色金融研究课题，主持和参与国家绿色金融相关制度建设；王天驹，创绿中心项目专员，从事环境与金融相关研究。英国斯旺西大学金融经济专业学士，在英国艾克赛特大学获得气候变化及风险管理专业的硕士学位。关注绿色金融相关议题，对金融机构的气候风险识别、分析与管理有一定研究，实习期间曾参与地方绿色信贷政策实施议题的设计与研究工作。

2015 年正式实施的新《环境保护法》的总体目标是，维护平衡的社会利益和长期可持续发展，努力确保生态安全和环境健康。其核心是，通过对社会和企业环境行为的强力约束，变掠夺式、粗放式经济模式为和谐式经济模式，为社会大众提供基本良好的生存条件。

对金融机构的投融资行为而言，由于企业的环境风险具有隐蔽性、累积性、长期性、偶发性和破坏巨大的纠纷多、赔付高、时间长等特点，环境保护的法律法规和国家政策的变化及走势将产生重大的、长远的影响。从长期看，新《环境保护法》的实施，有利于维护金融秩序，促进金融资源的合理配置和金融机构与企业的良性合作关系；但从短期看，由于金融管理当局和金融机构对新《环境保护法》的出台并未做出相应的对策安排，短期内难以适应国家新《环境保护法》基本要求和企业经营环境发生的变化，风险可能在一段时间内呈现急剧上升的趋势。

一 新《环境保护法》的实施对金融机构可能产生的新风险

（一）企业所有者和经营者个人的环境责任风险

企业的核心是人，而企业家则是企业经营的核心。债务人企业的核心人物一旦出现问题，经营前景必将暗淡，这是投融资金融机构面临的最大的风险。新《环境保护法》给予了各级政府、环境保护部门以更大的监管权力，允许采取多种新方式行使这种权力，值得注意的是，还罕见地规定了行政拘留的处罚措施，对污染违法者采用最严厉的行政处罚手段；同时，规定环境监察机构可以进行现场检查，对超标超总量的排污单位可以责令限产、停产整治。如企业不予治理污染，针对未批先建又拒不改正、通过暗管排污逃避监管等违法企业责任人，新《环境保护法》引入了拘留处罚，构成犯罪的，依法追究刑事责任。未来，针对企业家和高级管理人员环境责任的处罚也许会更多，将直接影响金融机构投资的安全性。

（二）企业被施以大额、连续性经济处罚的风险

新《环境保护法》第五十九条规定，"企业事业单位和其他生产经营者违法排放污染物，受到罚款处罚，被责令改正，拒不改正的，依法作出处罚决定的行政机关可以自责令改正之日的次日起，按照原处罚数额按日连续处罚。"[①] 对于法律的这一原则规定，同步实施的《环境保护主管部门实施按日连续处罚办法》明确提出，对5种违法排污行为可实施按日计罚，这5种违法行为包括：超过国家或者地方规定的污染物排放标准，或者超过重点污染物排放总量控制指标排放污染物的；通过暗管、渗井、渗坑、灌注或者篡改、伪造监测数据，或者不正常运行防治污染设施等以逃避监管的方式排放污染物的；排放法律、法规规定禁止排放的污染物的；违法倾倒危险废物的；其他违法排放污染物行为。设计"按日计罚"制度就是要处罚这些主观恶意的环境违法行为，其核心是督促违法企业迅速停止违法行为。如果企业不能及时停止，罚款就会一直罚到生产经营活动难以为继为止。

以上规定对金融机构的投资具有较大的风险影响，一是企业由于环境责任处罚导致经济效益大规模下滑，正常经营受到影响，企业付息风险加大，使得金融机构的效益同步下降；二是处罚导致企业亏损，不仅付息的可能性降低，同时还将增加企业还本的困难，产生本金亏损的可能，直接影响金融机构的投资回收，进而影响金融机构的正常经营。

（三）企业支付巨额赔偿和修复费用的风险

新《环境保护法》确立了"损害者担责"的基本原则，污染环境，破坏生态，损伤人、畜，等等，都必须承担责任。其中"担责"是指要承担赔偿责任，承担恢复环境、修复生态或支付上述费用的责任；而"损害"描述的是对环境造成任何不利影响的行为，包括利用环境致使环境自身恢复

---

① 《中华人民共和国环境保护法》，http://rsj. huizhou. gov. cn/publicfiles/business/htmlfiles/1274/2. 1/201501/352859. html。

能力退化的行为。"损害者担责"原则指对环境造成任何不利影响的行为人，应承担恢复环境、修复生态或支付上述费用的法定义务或法律责任。

在新《环境保护法》中，特别授权符合条件的社会组织可以提起环境公益诉讼，同时扩大了环境公益诉讼的主体，为环境责任的落实提供基本保障。可以预期，日益增多的公益、私益诉讼的结果，完全有可能让众多企业面对诉讼失败后的赔偿及连带责任。

企业的巨额赔偿对金融机构而言具有双重风险意义。对债务人企业，如果环境责任赔偿及后续修复的数额在企业资产能力范围内，金融机构需承担资金偿还延期的风险，但毕竟还在可控的范围内；但如果环境责任赔偿及后续修复的数额超出企业资金能力，企业将可能进入破产程序，风险将进一步放大，直接威胁金融机构的本金安全。

（四）企业被限制生产的风险

新《环境保护法》规定，排污者超过污染物排放标准或者超过重点污染物日最高允许排放总量控制指标的，环境保护主管部门可以责令其采取限制生产的措施。如果金融机构在放贷前未能就企业的最高允许排放总量和企业贷款额度进行有效的匹配，放大企业融资额度的话，金融机构将承担由此带来的风险损失。

（五）企业被责令停止生产的风险

新《环境保护法》规定，排污者有下列情形之一的，由环境保护主管部门报经有批准权的人民政府责令停业、关闭：一是两年内因排放含重金属、持久性有机污染物等有毒物质超过污染物排放标准，受过两次以上行政处罚，又实施前列行为的；二是被责令停产整治后拒不停产或者擅自恢复生产的；三是停产整治决定解除后，跟踪检查发现又实施同一违法行为的；四是存在法律法规规定的其他严重环境违法情节的。这四种情形，共同的特点就是新《环境保护法》第六十条所指的——情节严重。停业意味着企业失去有价值的创造能力，各种资源闲置，对企业而言是灭顶之灾，对金融机构而言更是面临血本无归的境地。所以，对此类环境风险的调查、评估和预测是金融机构相关人员风险管理的重点。

（六）企业信息公开和公众参与的风险

新《环境保护法》第五十三条规定：公民、法人和其他组织依法享有获取环境信息、参与和监督环境保护的权利。各级人民政府环境保护主管部门和其他负有环境保护监督管理职责的部门，应当依法公开环境信息、完善公众参与程序，为公民、法人和其他组织参与和监督环境保护提供便利。

新《环境保护法》还扩大了环境公益诉讼主体的范围，规定凡依法在设区的市级以上政府民政部门登记的，专门从事环境保护公益活动连续 5 年以上且信誉良好的社会组织，都能向人民法院提起诉讼。此举对增强公众保护环境的意识，树立环境保护的公众参与理念，及时发现和制止环境违法行为，具有十分重要的意义和作用。

企业信息公开、环境影响评价必须明确公众参与和环境公益诉讼主体，使得企业环境行为与周边社区和社会大众的互动进一步增加。周边社区和社会大众的利益诉求将进一步影响企业的发展和经营，甚至在一定条件下成为决定性因素。

对金融机构而言，企业信息公开、公众参与和环境公益诉讼主体的明确是一把双刃剑，一方面使得金融机构获取债务人企业的环境信息更加简单和定期化，金融机构的调查、分析与评估精准性进一步提高；另一方面使得社会大众了解企业经营状况，并在企业环境行为异常时，迅速地做出反应，通过申诉、诉讼等方式进行维权。这就要求金融机构在投资行为中必须重视周边社区和社会大众的意见，改变原有的风险控制模式和标准，建立新的金融风险控制体系。

以上对六项环境风险的探讨，是在一定条件下以单一风险的方式展开，但在实务操作过程中环境风险往往可能以并进的方式出现，即可能爆发综合环境风险，也即以上各种环境风险在一定时间内以阶梯形方式爆发。这种爆发的方式有两种，第一种方式是企业环境行为各种风险的综合爆发，这种方

式问题只局限在单一企业范围内，金融机构针对风险控制的主要措施和手段也集中在单一企业的范围内，这样的风险从原则上讲还是可控的；对金融机构而言，第二种方式出现的风险才是最为关键的，即在一定范围内环境风险集中爆发，并且，企业环境违法行为和金融机构环境信用风险并行，或将导致大规模的金融风险产生。这是环境管理部门和金融管理部门都必须加以防范和尽量避免的。

二 适应环境风险变化的新金融管理体系的建设

由于环境风险的破坏性远远超过普通的企业经营行为风险，是一种集社会、环境和企业多方利益的博弈，甚至有可能带来一定的政治风险，因而，环境风险的管理与控制，不单单是金融机构与企业之间的关系处理和往来，还要站在国家金融安全、环境安全和社会安全的高度来认识环境风险的预防以及管理系统的建设。

环境风险源头是企业，是由企业环境行为的外部性所引起的，而环境风险的管理又涉及政府和社会公众。金融环境风险的管理同样会涉及金融管理机构和金融企业。同时因为环境风险管理具有跨领域、跨行业和累积性、隐蔽性及长期性等特点，所以，环境风险的管理是一项系统性的工程，是一项从理念、行为到管理体系的完整建设工程。

思想是行动的指南，金融环境风险控制的程度取决于思想的确立程度、接受度、推广度。因此，首先，要在全社会确立金融环境风险的概念，让大众参与到环境风险控制的过程中，形成绿色金融的社会氛围。其次，在金融业内部树立绿色金融和环境风险的意识，并要求把环境风险的意识落实到行业规范、业务评比和信用评价过程中。再次，要把环境风险意识真正落实到金融机构的每一个工作环节之中，贯穿战略制定、市场定位、信息调查、风险评估、投资决策、跟踪预警和工作报告、成本分析的全过程。把思想和工作实践紧密、完整地连接在一起。

新型管理体制的建设是环境风险管理工作落实的基本前提和基础性工

作。根据环境风险金融管理的工作原理与要求，可以分三个层次进行环境风险金融管理体制的建设：一是国家环境风险金融管理体系的建设，包括人民银行宏观环境风险管理体系、银行业管理机构环境风险管理体系、保险业环境风险管理体系、证券业环境风险管理体系和其他金融监管机构环境风险管理体系；二是金融业行业环境风险管理系统的建立，在金融业内部形成自我监督、自我公开、自我约束的环境风险管理机制，以实现环境风险管理行业内部的公平化机制；三是要求金融机构建立环境风险管理的工作体制与机制，把环境风险管理工作落实到部门、落实到岗位、落实到工作责任人。

三 适应环境风险变化的新金融制度体系的建设

（一）金融环境风险法律体系的建设

金融环境风险防范与管理需要坚实的法律法规体系作为有力保障，特别要面对中国金融领域的真实问题和缺陷。目前，我国有关金融环境风险方面法律法规的缺失，导致相关管理过程中的责任无法落实，造成环境风险管理不明确、不协调、不统一。结合我国环境保护的现状和生态文明建设的战略目标，制定与金融环境风险制度相融合的法律规定，增强法律法规的可操作性，保障绿色金融制度的有效实施，已经刻不容缓。同时，在金融环境风险制度的实施过程中，要以金融环境风险法律法规为准绳，提高执法能力。

（二）金融环境风险控制制度体系的建设

为了实现金融环境风险管理的目标，从中国的国情出发，吸收各国的经验，是制度体系建设的当务之急。其中，最为重要的是下述具有全局意义的基本制度：一是金融环境风险标准制度，二是金融环境风险评价与监测制度，三是金融环境风险报告制度，四是金融环境风险预防管理制度，五是金融环境风险目标责任与奖罚制度，六是金融环境风险岗位责任制度，七是金融环境风险授信管理制度，八是金融环境风险补偿制度，等等。

（三）金融环境风险责任体系的建设

责任的落实是环境风险管理的基础，是建立环境风险管理机制的核心工作。所以金融环境风险责任体系的建设是金融环境风险管理的中心所在。责任体系主要包括：一是责任主体的建设，这里指三个层次主体责任，具体有环境管理部门环境风险管理责任和金融机构监管部门环境风险监督管理责任（人民银行和"三会"及其他金融管理部门）及各种商业性质的金融机构落实环境风险调查与评估的责任；二是环境风险金融目标管理体系的建设；三是环境风险金融管理机制的建设；四是环境风险绩效管理评价机制的建设；等等。

四 适应环境风险变化的新金融机构
管理体系的建设

面对环境风险形势的变化，对金融机构而言，落实防范及控制措施，将是环境风险控制的主要工作内容与方向。具体包括以下几个方面。一是战略的落实。把环境风险的防范意识和工作内容纳入金融机构风险管理战略之中，形成与战略完全融合的金融机构风险战略。二是环境风险工作责任的落实。建立专业的环境风险管理机构负责管理与协调工作，选取专业的环境风险管理人才，并把责任落实到人。三是把环境风险防范工作纳入投资分析的全过程，从企业调查、信用评价、投资决策、事后监督到工作报告，将环境风险管理融入每一个工作环节中。四是建立环境风险报告制度，包括企业环境风险报告和金融机构自身的环境风险报告，以对环境风险信息及时把控，形成完整的环境风险信息管理体系。

五 适应环境风险变化的社会性
第三方独立力量的培育

借鉴世界各国的经验和实践，解决环境问题的重要前提是信息公开化和

078

第三方独立机构的参与。要使与企业环境行为有关的各方真实信息获得披露和公开，第三方独立机构的介入是一个有效的解决方法。

（一）建立环境风险管理的社会参与机制

建立有效沟通的工作平台，邀请社会环境保护志愿者、环境保护组织和各专业机构、政府相关部门，在涉及环境保护的重大项目的立项、评估、审查、决策和实施的各个环节，与金融机构形成有效的互动关系，参与金融机构的信贷决策工作。这样一方面可以规避金融机构的环境风险，另一方面又可以帮助形成金融投资行为与社会的良性互动关系。

（二）建立跨机构、跨部门的环境风险信息交流平台

信息是金融机构决策的核心，绿色金融信息交流平台工作包括政府环境保护信息、企业环境行为信息、金融机构贷款信息、金融机构决策信息、企业贷后环境行为信息、金融机构贷款后评价信息等。在平台上形成金融机构、环境保护部门、第三方评价机构的互动关系。

（三）建立独立第三方绿色信用评价机构

信用评价是对环境风险的一种长效管理机制，以独立第三方的身份介入，一是可以确保行为的独立性，有效地避免金融机构内部人员因利益性的驱使导致行为方向性的失误；二是通过对独立第三方的选取，确保环境风险管理技术的专业性，为有效完成环境风险控制提供基本技术保障。

建立新的环境风险金融管理模式，将是金融监管部门和金融机构在未来一段时期内的重要任务。要将此融入金融法律、金融制度、绿色信用评价、金融文化建设的各方面和全过程，使金融行为对企业、社会的可持续发展起到促进作用。

G.8

数说环境刑事司法新态势

—— 《最高人民法院、最高人民检察院关于办理环境污染
刑事案件适用法律若干问题的解释》实施情况分析

喻海松　马　剑*

摘　要： 本文基于 2013 年 7 月至 2014 年 10 月人民法院审理环境污染
犯罪①案件的情况，揭示自"两高"的环境司法解释颁布以
来，其实施呈现的特点。主要有：①污染环境刑事案件激
增；②污染环境刑事案件分布地域不均衡；③污染环境刑事
案件适用《解释》条文集中；④环境污染入罪的主体集中
为规模以上企业之外的主体；⑤危险废物犯罪的惩治向纵深
推进；⑥非法处置进口的固体废物罪被激活；⑦环境监管失
职刑事案件相对数量下降十分明显。根据对以上特点的分析，
作者提出了在环境司法实践中亟待加强与改善的几个问题。

关键词： "两高"环境司法解释　实施概况　实施特点

　　作为"史上最严厉的环境保护司法解释"，《最高人民法院、最高人民检
察院关于办理环境污染刑事案件适用法律若干问题的解释》（法释〔2013〕15

---

* 喻海松，最高人民法院研究室刑事处法官，法学博士；马剑，最高人民法院研究室统计办
干部，法律硕士。
① 环境污染犯罪包括《解释》所涉及的四种犯罪，即《刑法》第三百三十八条规定的污染环
境罪、第三百三十九条规定的非法处置进口的固体废物罪、擅自进口固体废物罪和第四百
零八条规定的环境监管失职罪。

号，以下简称《解释》）自2013年6月19日施行以来，受到了各方的广泛关注，对环境行政执法和刑事司法产生了重大影响。本文基于2013年7月至2014年10月人民法院审理环境污染犯罪案件的情况（见图1），对《解释》的实施特点进行总结分析，并对环境刑事司法提出下一步完善建议。

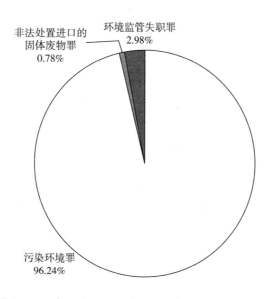

图1 2013年7月至2014年10月环境污染犯罪的构成

一 《解释》的实施概况

各级人民法院、人民检察院、公安机关、环境保护部门以《解释》的公布施行为契机，继续保持对环境污染犯罪行为的高压态势，准确认定事实，正确适用法律，坚决依法惩处环境污染犯罪活动，取得了良好的社会效果。2013年7月至2014年10月，全国法院新收污染环境、非法处置进口的固体废物、环境监管失职刑事案件1025件，审结772件，生效判决人数1136人。① 其中，新收污染环境刑事案件991件，审结743件，生效判决人数

① 在此期间，人民法院未审理过擅自进口固体废物刑事案件。

1104 人；新收非法处置进口的固体废物刑事案件 6 件，审结 6 件，生效判决人数 6 人；新收环境监管失职罪刑事案件 28 件，审结 23 件，生效判决人数 26 人。

二 《解释》的实施特点

（一）污染环境刑事案件激增

《解释》实施后，污染环境刑事案件数量上升十分明显。综观 1997 年刑法施行以来的情况，适用刑法第三百三十八条的案件数①，可以说历经了从一位数到两位数再到三位数、四位数的发展历程。大体而言，2006 年之前，适用《刑法》第三百三十八条的案件数不超过 10 件，可以谓之为一位数；2007 ~ 2012 年，适用《刑法》第三百三十八条的案件数基本徘徊在 20 件左右，可以谓之为两位数；2013 年，适用《刑法》第三百三十八条的案件数达到 104 件，首次达到三位数；2014 年 1 ~ 10 月，适用《刑法》第三百三十八条的案件数达到 656 件，加上新收未审结的 223 件，全年结案数可达到四位数（见图 2）。②

污染环境刑事案件激增，归根到底是社会各方对于环境污染的容忍态度发生了根本性变化，加大对环境污染犯罪的惩治力度，切实扭转重经济发展轻环境保护的局面成为社会共识。就其具体原因而言，可以归结为以下几点：其一，《解释》对污染环境罪的定罪量刑标准做了明确规定，有针对性地解决了实践中存在的取证难、鉴定难、认定难问题，为查处、移送和审理污染环境刑事案件提供了有效的法律武器。特别是《解释》第一条第一项至第五项根据污染物排放地点、排放量、超标程度、排放方式以及行为人的前科等，增加了几项认定"严重污染环境"的具体标准，实现了对污染环

---

① 1997 年《刑法》第三百三十八条的罪名确定为"重大环境污染事故罪"；2011 年 5 月 1 日施行的《刑法修正案（八）》对《刑法》第三百三十八条做了修改，罪名调整为"污染环境罪"。

② 2014 年 1 ~ 10 月人民法院新收污染环境刑事案件 879 件。

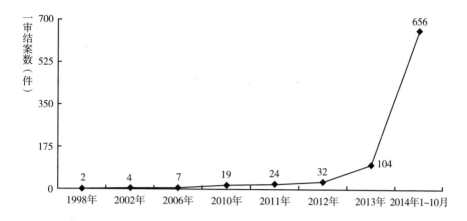

图 2　污染环境刑事案件增长变化

境的"行为入罪"。这几项入罪标准对案件量的增长起到了关键作用。其二，环境保护部门对污染环境犯罪案件的查处和移送力度空前加大。据统计，2013 年环境保护部门向公安机关移送的涉嫌环境污染案件近 372 起，是过去十年的总和。[①] 其三，公安机关对环境污染犯罪的打击力度空前。公安机关立案侦办 779 起，抓获犯罪嫌疑人 1265 人。而 779 起案件中，有 407 起是公安机关主动排查、主动侦查、主动出击的。[②]

（二）污染环境刑事案件分布地域不均衡

《解释》实施以来全国法院新收 991 起、审结 743 起污染环境刑事案件，在地域分布上存在明显的不均衡。其中，浙江的收案量和结案量占全国的半壁江山，新收 468 件，占 47%，审结 391 件，占 53%。而且，全国八成以上的污染环境刑事案件集中在浙江、河北、山东、天津、广东五省市，该五省市收案 809 件、结案 610 件，均占全国收案总数和结案总数的 82%。其中，河北新收 154 件，占 16%，审结 74 件，占 10%；山东新收 68 件，占 7%，审结 52 件，占 7%；天津新收 59 件，占 6%，审结 51 件，占 7%；

---

① 参见 2014 年 3 月中央电视台栏目《小撒探会》专访公安部副部长黄明。
② 参见 2014 年 3 月中央电视台栏目《小撒探会》专访公安部副部长黄明。

广东新收 60 件，占 6%，审结 42 件，占 6%（见图 3）。① 与之形成对比的是，《解释》施行以来，尚有少数省、自治区、直辖市未审理过污染环境刑事案件。

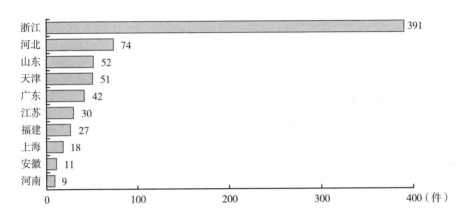

图 3　2013 年 7 月至 2014 年 10 月一审结案件数分布

污染环境刑事案件地域分布不均衡，原因十分复杂。但是，案件量多寡与当地的环境污染程度并无必然联系，却与当地对环境污染问题的重视程度密切相关。浙江之所以审理的污染环境刑事案件较多，主要是因为当地重视，浙江省委、省政府提出了"五水共治"的大政方针。在这一方针的指引之下，浙江环境保护部门和公安部门加大了对污染环境，特别是污染水体犯罪的查处力度，导致法院受理此类案件量增长明显。② 以浙江温州为例，《解释》施行一周年（2013 年 7 月至 2014 年 6 月），环境保护系统共向公安机关移送环境涉刑案件 240 件，公安机关刑拘 391 人。③ 河北污染环境刑事案件量多，也与河北严查环境污染违法犯罪案件密切相关，特别是，河北在全国率先成立了环境安全保卫总队，对于打击污染环境犯罪发挥了重要作用。

① 此外，福建新收 52 件，审结 27 件；江苏新收 40 件，审结 30 件；上海新收 21 件，审结 18 件；安徽新收 14 件，审结 11 件；河南新收 11 件，审结 9 件。
② 参见 2014 年 6 月 10 日浙江高院刑一庭陈光多庭长在浙江法院保障"五水共治"依法推进、建设"两美浙江"新闻通气会上的发言稿。
③ 《三军用命 法网恢恢》，《中国环境报》2014 年 7 月 23 日，第 1 版。

在污染环境刑事案件较多的地方，如浙江①、河北②、山东③、江苏④、河南⑤，大部分出台了规范性文件，对办理此类案件过程中的有关问题做出明确规定。反过来，通过规范性文件，统一了认识，有利于相关案件的查处、移送和审理。

（三）污染环境刑事案件适用《解释》条文集中

就浙江省 2014 年审结的污染环境刑事案件而言，除个别案件外，全部适用《解释》第一条第一项至第五项的规定进行定罪量刑。⑥ 而就这五项规定而言，第三项"非法排放含重金属、持久性有机污染物等严重危害环境、损害人体健康的污染物超过国家污染物排放标准或者省、自治区、直辖市人民政府根据法律授权制定的污染物排放标准三倍以上的"规定适用最为集中。从浙江省审结的污染环境案件来看，大部分案件系电镀加工企业的生产经营人员排放的废水中重金属超过排放标准三倍以上，构成污染环境罪。⑦ 例如，2013 年 10 月至 2014 年 9 月，浙江宁波法院共审理了 46 件以污染环境罪判罚的刑事案件，其中有 42 件为电镀小作坊排放污水中重金属超标三倍以上，1 件为公司排放污水重金属超标。⑧

---

① 浙江省高级人民法院、人民检察院、公安厅、环境保护厅《印发〈关于办理环境污染刑事案件若干问题的会议纪要〉的通知》（2014 年 5 月 16 日）。
② 河北省环境保护厅、高级人民法院、人民检察院、公安厅《关于印发〈关于进一步加强打击环境污染犯罪联合执法工作的意见〉的通知》（2014 年 8 月 21 日）。
③ 山东省人民检察院、公安厅、环境保护厅《印发〈全省办理环境污染刑事案件工作座谈会纪要〉的通知》（鲁检会〔2014〕4 号）。
④ 江苏省高级人民法院、人民检察院《关于依法办理环境保护案件若干问题的实施意见》（2013 年 11 月 1 日）。
⑤ 河南省高级人民法院、人民检察院、公安厅、环境保护厅《关于依法办理环境污染刑事案件的若干意见（试行）》（豫高法〔2014〕118 号）。
⑥ 梁健、阮铁军：《污染环境罪中"其他严重污染环境情形"的认定》，《人民司法》2014 年第 18 期。
⑦ 梁健、阮铁军：《污染环境罪中"其他严重污染环境情形"的认定》，《人民司法》2014 年第 18 期。
⑧ 参见宁波中院破坏环境资源保护刑事案件审判白皮书。

（四）环境污染入罪的主体集中为规模以上企业之外的主体

无论是基于全国的案件情况，还是基于个别案件大省的情况，环境污染刑事案件的主体主要为小微企业的业主和从业人员，而规模以上企业成为本罪主体的情况较为少见。从《解释》实施以来全国的情况来看，在污染环境罪生效判决罪犯的 1104 人中，私营企业主、个体劳动者 282 人，占25.54%，农民、农民工 496 人，占 44.93%（见图 4）。而从浙江审理的污染环境刑事案件的情况来看，被告人基本为从事个体经营的业主和无业人员。究其原因，"这里面虽然有大企业、大公司环境保护经费、污染处理设备保障能力强的因素，也有浙江经济本身以民营经济为绝对主体，企业形式以中小、小微企业为主的因素，但也在一定程度上存在对规模以上企业污染环境行为查处力度不够的问题。"[①] 当然，随着《解释》施行后各地对环境污染违法犯罪打击的不断推进，规模以上企业触犯污染环境罪的案件在各地开始出现，并逐渐上升，特别是在危险废物犯罪领域。

（五）危险废物犯罪的惩治向纵深推进

实践中，不少企业为降低危险废物的处置费用，在明知他人未取得经营许可证或者超出经营许可范围的情况下，向他人提供或者委托他人收集、贮存、利用、处置危险废物的现象十分普遍。该人接收危险废物后，由于实际不具备相应的处置能力，往往将危险废物直接倾倒在土壤、河流中，严重污染环境。从支付的费用看[②]，有关单位对这一行为往往心知肚明，对严重污

---

① 参见 2014 年 6 月 10 日浙江高院刑一庭陈光多庭长在浙江法院保障"五水共治"依法推进、建设"两美浙江"新闻通气会上的发言稿。

② 危险废物犯罪的深层次原因在于危险废物生产企业牟取暴利。据浙江方面介绍，工业生产中产生的危险废物、有毒物质、固定废物等污染物，如果按照环境保护要求处理，其正常处理费用在 2800~3200 元/（吨·车），但这些企业委托他人非法处置的价格在 60~120 元/（吨·车），如果企业直接排放，则近乎为零成本处置污染物，企业非法处置污染物的获利惊人，成为环境污染犯罪的最主要获利者。参见 2014 年 6 月 10 日浙江高院刑一庭陈光多庭长在浙江法院保障"五水共治"依法推进、建设"两美浙江"新闻通气会上的发言稿。

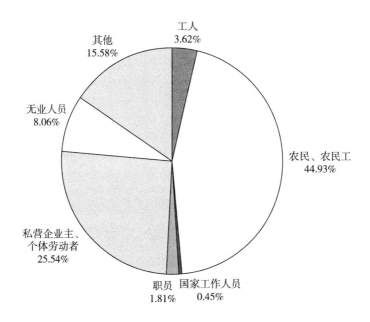

**图4 2013年7月至2014年10月污染环境
刑事案件罪犯身份**

染环境的结果实际持放任心态。然而，《解释》施行前，由于在认定企业的共同犯罪故意方面存在疑难，鲜见有企业被以重大环境污染事故罪（后改为污染环境罪）追究刑事责任的案件。针对这一情况，《解释》第七条专门规定："行为人明知他人无经营许可证或者超出经营许可范围，向其提供或者委托其收集、贮存、利用、处置危险废物，严重污染环境的，以污染环境罪的共同犯罪论处。"依据这一规定，《解释》施行后，各地对危险废物犯罪深挖细查，重点打源头、追幕后，取得了良好成效。号称"浙江环境保护第一案"的浙江汇德隆染化有限公司污染环境案就是例证。① 而"桐庐金

---

① 汇德隆公司通过没有危险废物处置资质的公司及个体工商户，非法排放、处置、倾倒的危险废物达到2.3万余吨。2014年6月30日，绍兴市上虞区人民法院一审以污染环境罪对汇德隆公司判处罚金2000万元，并对11名被告人判处拘役6个月至有期徒刑4年6个月不等的刑罚。据悉，这是浙江省目前为止被判处罚金数额最高的一起污染环境案。参见《绍兴：构建全方位水环境"司法保护链"》，《人民法院报》2014年7月15日，第3版。

帆达公司污染环境系列案"和新安化工污染环境案①进一步说明《解释》第七条在实践中充分发挥了作用，适用效果十分明显。

（六）非法处置进口的固体废物罪被激活

1997 年《刑法》施行以来至《解释》施行前，实践中未见到适用《刑法》第三百三十九条规定的非法处置进口的固体废物罪、擅自进口固体废物罪的案件。《解释》施行后，以非法处置进口的固体废物罪判罚的刑事案件实现了零的突破。如前所述，非法处置进口的固体废物罪生效判决罪犯人数已达 6 人。

（七）环境监管失职刑事案件相对数量下降十分明显

近年来，重大环境污染事故罪（后修改为污染环境罪）与环境监管失职罪的案件量相差不大，接近 1∶1 的比例关系，即查处一起重大环境污染事故案，必然查处一起环境监管失职案，甚至只追究环境监管失职的刑事责任、未追究污染环境行为的刑事责任。例如，2008～2010 年三年间，重大环境污染事故罪与环境监管失职罪的案件量的比例分别为：11∶13、18∶23、19∶15。而在 2011 年至 2013 年的三年间，重大环境污染事故罪与环境监管失职罪的案件量的比例悄然发生变化：24∶11；32∶14；104∶12。2013 年 7 月至 2014 年 10 月，人民法院审结环境监管失职刑事案件 23 件，生效判决人数 26 人，污染环境罪与环境监管失职罪的案件量之比为 743∶23，生效判决人数之比为 1104∶26，可见两罪之间相差巨大。产生上述状况的原因可以大致归结为：其一，《解释》施行前重大环境污染事故（后为污染环境）刑事案

---

① 目前尚未见到生效裁判文书。这是浙江省迄今破获的最大两起污染环境案。金帆达和新安化工是国内草甘膦生产龙头企业，亦是浙江重点生产企业。据公安机关查明，2011 年 11 月以来，金帆达生化股份有限公司子公司为降低生产成本，将在生产农药过程中产生的危险废物交给无处理资质的公司非法倾倒，倾倒数量高达 3.8 万余吨。而新安化工建德化工二厂自 2012 年 5 月以来，通过建德市宏安货运有限公司将 1 万余吨"磷酸盐混合液"（危险废物）运至杭州市余杭区荣圣化工有限公司，荣圣化工将其中的 7500 余吨"磷酸盐混合液"直接偷排入京杭大运河，造成水体严重污染。参见《草甘膦农药两大巨头非法倾倒数万吨废液》，《都市快报》"浙江新闻版" 2013 年 12 月 17 日。

件的主体大多为发生重大环境污染事故的规模以上企业，这些企业的污染环境行为与环境监管人员的失职相关联。而《解释》施行后，被以污染环境罪追究刑事责任的主体绝大多数为规模以上企业以外的其他主体，这些主体与环境监管人员的关联相对较少。其二，《解释》施行后，面对业已改变的形势，广大环境监管人员切实提高责任意识，切实履行环境监管的职责，监管失职的情形减少。

三 《解释》实施中亟待加强的问题

《解释》的实施成效十分明显，应当予以充分肯定。但是，从《解释》施行一年多的情况来看，还存在一些问题需要加以解决或者进一步加强。唯有如此，《解释》的实施才能在打击环境污染犯罪、维护生态文明方面发挥更为重要的作用。

（一）统一环境污染犯罪的法律适用问题

《解释》的实施也暴露了一些法律适用难题，如非法排放、倾倒、处置危险废物未遂的处理、危险废物的认定、超过污染物排放标准三倍以上的认定、"公私财产损失"的范围、"重金属"的范围等。在办案实践中，有关部门对这些问题存在不同认识，影响了对环境污染犯罪的打击实效。虽然一些地方通过规范性文件在区域内做出了统一规定，但这些问题在全国范围普遍存在，宜由最高司法机关会同有关部门统一明确。

（二）严格执行法律和司法解释的规定

《解释》发布后，严格执行是关键和难点。《解释》实施一年多来，对规模以上企业适用污染环境罪追究刑责的案件较少，少数地方案件量为零或偏少。个中缘由复杂，但不可否认的是，这与环境污染违法犯罪的查处力度不无关系。环境面前没有特权，《解释》实施过程中亟须增强刑法适用的公平性，要通过对包括规模以上企业在内的主体一视同仁、严格执法来增强司

法解释的公信力，进一步发挥《解释》在促进生态文明建设方面的积极作用。

（三）建立健全环境污染防范的长效机制

"刑期于无刑"。《解释》的真正目的在于充分发挥刑法的威慑和教育功能，减少和防范环境污染犯罪的发生。因此，要继续加大《解释》的宣传力度，进一步营造"污染环境会坐牢"的舆论氛围；要加大普法力度，使社会各界，特别是重点环境保护企业真正了解《解释》的规定和价值取向，在日常经营中有效避免环境污染刑事风险。[①] 同时，也要避免运动式执法，避免扩大化，确保宽严相济的刑事政策在环境刑事司法领域得到切实贯彻。

---

① 不少经营者"两耳不闻窗外事，一心只想多赚钱"。《解释》实施后，有些环境污染行为人尚未意识到自己的行为涉嫌犯罪。如浙江温州星视光学有限公司法人代表康某面对环境保护局重案组执法人员的调查，轻描淡写地说："根据经验，我算了一下，这次大概需要缴纳罚款 4 万多元，我都准备好了。"参见《三军用命 法网恢恢》,《中国环境报》2014 年 7 月 23 日，第 1 版。

G.9

环境信息公开：重点突破与深化

吴 琪*

摘 要： 2013～2014 年，一系列与环境信息公开相关的法律、法规陆续制定与实施，在多个方面获得突破，很大程度上完善了环境信息公开的制度框架和实施要求。同时，最高人民法院首次集中发布涉政府信息公开十大典型案例，就信息公开实践中的主要争议问题，在重要的细节上给出了明确的回应，在争取环境信息公开的实践中，具有重要的意义。然而，信息公开制度要真正对保护环境发挥不可替代的作用还有赖于它的切实实施以及信息公开后的有效使用。

关键词： 环境信息公开 重点领域突破 司法保障公众监督

2014 年 4 月 24 日，全国人大通过新修订的《环境保护法》，给灰霾阴影下的环境治理带来了新的希望。新《环境保护法》设专章规定环境信息公开与公众参与，环境信息公开的必要性和重要性无须赘述。然而，如何使环境信息公开落到实处，如何使得公开的信息发挥作用，仍然是需要不断在实践中探索的课题。

《环境信息公开办法（试行）》于 2008 年 5 月 1 日正式实施，这对中国的环境监管具有里程碑的意义。7 年来，环境信息公开经历了从无到有、逐

---

* 吴琪，自然资源保护协会（NRDC）北京办公室环境法项目律师，本文为自然资源保护协会（NRDC）中国环境法项目的工作成果，作者为执笔人。

步推进的过程。为明确环境信息公开的基线水平及对其进展进行评估，公众环境研究中心（IPE）与自然资源保护协会（NRDC）合作开发了污染源监管信息公开指数（PITI），并逐年对中国113个城市实施《环境信息公开办法（试行）》、开展污染源监管信息公开的情况进行评估。评估结果显示，环境信息公开经过几年的发展，在制度上和实践中已初步确立。然而，在评估中也发现，虽然总体水平逐步提升，但是，各地环境信息公开的水平参差不齐，在一些重要的环境信息方面，如排放数据的公开、环境影响评价信息的公开方面，还存在很多不足，这在很大程度上是因为法律要求或操作标准的缺失。如何在这些重点领域中取得突破，是环境信息公开进一步扩大和深化的关键。

令人欣慰的是，2012年底以来，连续的灰霾污染加速了环境信息公开的步伐。环境保护部陆续出台了一系列部门规章和政策，从各个角度强化和扩大环境信息公开，很大程度上完善了环境信息公开的制度要求，逐步形成一个相对完整的环境信息公开法规体系。特别是在污染源监管信息、排放数据、环境影响评价信息这些重点领域，有了实质性的突破。

一 重点领域的突破

（一）政府污染源监管信息公开得到强化

《环境信息公开办法（试行）》（以下简称《办法》）确立了中国环境信息公开的基本制度框架，成为环境信息公开在实践中逐步确立和发展的基础。作为环境信息公开的第一部专门性法规，《办法》中的一些规定和相对原则在实践中的操作不尽一致，水平参差不齐。

2013年7月，环境保护部颁发了《关于加强污染源环境监管信息公开工作的通知》（以下简称《通知》），在《办法》的基础上对信息公开的主体、内容、时限、方式、平台等多方面进一步细化，明确和规范了污染源监管信息公开。《通知》所涉的污染源环境监管信息种类涵盖了重点监控污染源基本情况、污染源监测、总量控制、污染防治、排污费征收、监察执法、行政处罚、环境应急、企业环境行为评价等。《通知》要求各级环境保护部门以政府网站作为污染源环境监管信息发布的重要平台，以信息全面、界面友好、利于查询为目标，设置专门的栏目，主动公开污染源环境监管信息。作为《通知》附件的《污染源环境监管信息公开目录（第一批）》，对每一项环境信息都明确列出了公开内容、时限要求和发布单位，实际上构成了一份污染源监管信息公开的操作指南。

2014 年 4 月，国务院印发的《2014 年政府信息公开工作要点》（国办发〔2014〕12 号文件）再次将环境信息列为政府信息公开的重点类型，这已是环境信息连续第三年成为政府信息公开重点。文件还将环境信息列在公共监管信息公开的首位。文件确定的重点环境信息包括了大气和水环境质量信息、建设项目环境影响评价信息、污染源环境监管信息、国控重点企业污染源监督性监测信息和污染减排信息等。

（二）排放数据公开取得突破

根据《环境信息公开办法（试行）》《清洁生产促进法》及一些配套规定，企业强制环境信息公开的范围较为有限。就排放数据而言，一般只有企业存在超标违规排放、超总量排放，或者发生重大、特大环境污染事故时，才会承担强制性的污染物排放信息公开的义务。而近一两年出台的两个规章，在排放数据公开要求上有实质性突破。

环境保护部于 2012 年颁布《危险化学品环境登记管理办法（试行）》，首次明确了重点环境管理危险化学品及其特征污染物的排放和转移信息公开义务，初步形成了中国的 PRTR（污染物排放与转移登记）制度的雏形。《危险化学品环境登记管理办法（试行）》第二十二条规定，危险化学品的生产使用企业应当于每年 1 月发布危险化学品环境管理年度报告，向公众公布上一年度生产使用的危险化学品品种、危害特性、相关污染物排放及事故信息、污染防控措施等情况；重点环境管理危险化学品生产使用企业还应当公布重点环境管理危险化学品及其特征污染物的释放与转移信息和监测结

果。这个办法于 2013 年 3 月 1 日起施行。根据该办法，2014 年 1 月就应当看到第一批排放数据的公布情况，但是，作为公布基础的重点环境管理危险化学品名录迟迟未得公布。直至 2014 年 4 月，环境保护部发布《重点环境管理危险化学品目录》，为公开准备了条件。

《国家重点监控企业污染源监督性监测及信息公开办法（试行）》和《国家重点监控企业自行监测及信息公开办法（试行）》则分别明确了环境保护部门对国控企业污染物排放监督性监测和企业自行监测数据的公开要求，开启了在线监测实时公开的新阶段。自 2013 年起，陆续有 20 多个省、直辖市建立重点监控企业自行监测信息发布平台，开始了企业自行监测信息实时公开。一些省份如山东、浙江、江西等，建立了良好的在线监测实时公开平台和公布系统。在线监测数据实时公开对于污染监管具有战略意义。实时公开改变了企业排污相对于公众的隐蔽状态，将污染企业置于公众监督之下，也有助于识别污染源，促进区域联防联控。

（三）环评报告全本终得公开

环境影响评价过程中的信息公开一直是各种环境争端的焦点。环评信息公开，一方面是环评过程中公众参与的前提，另一方面环境影响报告的公开，特别是其中承诺采纳的环境保护措施等要求，也是持续的公众监督的条件。

2013 年底，环境保护部印发《建设项目环境影响评价政府信息公开指南（试行）》，针对信息公开问题，明确了建设项目环境影响评价审批、验收和资质管理方面的信息公开要求，尤其在环境影响评价报告全本公开方面，有了突破性进展。该指南要求，建设单位在向环境保护主管部门提交建设项目环境影响报告书、表前，应依法主动公开建设项目环境影响报告书、表全本信息，并在提交环境影响报告书、表全本同时附删除的涉及国家秘密、商业秘密等内容及删除依据和理由的说明报告。环境保护主管部门在受理建设项目环评报告时，应对说明报告进行审核，依法公开环境影响报告书、表全本信息。环评报告全文公开已经在部分地区的实践中取得重要进展，为强化环评中、环评后的公众参与提供了重要的基础。只是，环评报告全本的公开只是第一步，而对与环评相关的"邻避难题"的破解还需要实质性的公众参与和加强双向信息沟通。

（四）新《环境保护法》对以上进展的确认

2014 年 4 月 26 日，终于迎来 25 年后重修的《环境保护法》。新《环境保护法》设专章规定环境信息公开与公众参与，具体条文以法律的形式确认了上述几个方面的重要突破。特别是，第五十五条规定了重点排污单位信息公开制度，规定重点排污单位应当公开其主要污染物的名称、排放方式、排放浓度和总量、超标排放情况。为配合新《环境保护法》的实施，环境保护部制定了《企业事业单位环境信息公开暂行办法》（简称《暂行办法》），对重点排污单位的范围和公开要求做出了具体的规定。该《暂行办法》已于 2014 年 12 月通过，2015 年 1 月 1 日起与新《环境保护法》配合实施。新《环境保护法》第五十六条还确认，建设项目环境影响评价文件审批部门有公开除涉及国家秘密和商业秘密的事项外的环境影响报告书全本的义务。

值得一提的是，新《环境保护法》增加了违反信息公开要求，特别是篡改、伪造监测数据的个人责任。第六十八条规定了环境保护部门直接负责的主管人员和其他直接责任人员的行政责任，其中规定的九项违法情形包括了篡改、伪造或者指使篡改、伪造监测数据，以及应当依法公开环境信息而未公开两种情形。同时，第六十九条规定的将面临拘留的几种严重违法行为中也包括了篡改、伪造监测数据。

二 司法保障

徒法不足以自行。环境信息公开在实践中具体如何实施，实际上还有很多存在争议的地方。《中华人民共和国政府信息公开条例》自 2008 年 5 月 1 日开始实施，至今已有 7 年多。信息公开的诉讼逐年增多，其中有很大部分是关于环境信息公开的。2014 年 9 月，最高法院首次集中发布涉政府信息

公开十大典型案例，回应信息公开实践中的主要争议问题，如过程信息、内部信息、商业秘密的认定，政府取得的企业环境信息，等等。其中大多数案件都与环境信息公开密切相关，涉及实践中申请公开环境类信息经常遇到的争议问题①择其要者介绍如下。

（一）行政机关在履行职责的过程中获得的企业信息是否属于政府信息

《环境信息公开办法（试行）》施行以来，常有环境保护部门以环评信息属于企业所有为由拒绝信息公开的申请。最高法院此次公布的"十大政府信息公开案例"对这一问题做出了指引。在余穗珠诉海南省三亚市国土环境资源局一案中，被告三亚国土局认为原告申请公开的《项目环境影响评价报告表》是企业文件资料，不属政府信息，不予公开。最高法院对本案裁判的分析指出，从外获取的信息也是政府信息。政府信息不仅包括行政机关制作的信息，同样包括行政机关从公民、法人或者其他组织处获取的信息。因此，本案中行政机关在履行职责过程中获取的企业环境信息同样属于政府信息。②

随着环境保护部《建设项目环境影响评价政府信息公开指南（试行）》和新《环境保护法》的颁布施行，环境保护部门公开环评文件全本的义务得以明确。然而，最高法院推出本案的典型意义之一，即行政机关在履行职责过程中获取的企业环境信息同样属于政府信息，其中的企业环境信息并未限定为环评文件，理应包括其他企业排污和环境表现信息，这一原则对今后的司法实践具有重要的指导意义。

（二）申请的信息是否涉及商业秘密的认定

商业秘密是环境信息公开申请实践中的另一个争议焦点。现行法律法规

---

① 周斌、刘子阳：《人民法院政府信息公开十大案例》，法制网，2014 年 9 月 12 日，http：// www. legaldaily. com. cn/xwzx/content/2014 - 09/12/content_ 5760759. htm。

② 周斌、刘子阳：《人民法院政府信息公开十大案例》，法制网，2014 年 9 月 12 日，http：// www. legaldaily. com. cn/xwzx/content/2014 - 09/12/content_ 5760759. htm。

对于商业秘密的认定，缺乏明确的判定标准。某类信息是否属于商业秘密，对于申请人、环境保护部门以及法院，都是一个难点。最高法院公布的王宗利诉天津市和平区房地产管理局案给解决此类问题提供了一个方向。此案虽无关环境信息，但争议点聚焦于涉商业秘密的政府信息的公开问题。最高法院认为，在政府信息公开实践中，行政机关经常会以申请的政府信息涉及商业秘密为理由不予公开，但有时会出现滥用。最高法院进一步分析指出，商业秘密的概念具有严格内涵，依据《反不正当竞争法》的规定，商业秘密是指不为公众知悉、能为权利人带来经济利益、具有实用性并经权利人采取保密措施的技术信息和经营信息。行政机关应当依此标准进行审查。法院在合法性审查中，应当根据行政机关的举证做出是否构成商业秘密的判断。这就将信息公开中以商业秘密为由不予公开的举证责任归属于行政机关。①

（三）过程信息、历史信息是否应当公开

在环境信息公开的实践中，有几类信息属于信息公开的模糊地带，常有争议发生，如正在制作形成过程中的信息、行政机关的内部信息、已经归档的信息以及《环境信息公开办法（试行）》施行之前的历史信息。最高法院此次公开的典型案件对这几类信息的处理也做出了示范。

姚新金、刘天水诉福建省永泰县国土资源局案为过程性信息如何公开提供了指导。最高法院分析指出，"过程性信息一般是指行政决定做出前行政机关内部或行政机关之间形成的研究、讨论、请示、汇报等信息，此类信息一律公开或过早公开，可能会妨害决策过程的完整性，妨害行政事务的有效处理。但过程性信息不应是绝对的例外，当决策、决定完成后，此前处于调查、讨论、处理中的信息即不再是过程性信息，如果公开的需要大于不公开的需要，就应当公开。"②

---

① 周斌、刘子阳：《人民法院政府信息公开十大案例》，法制网，2014 年 9 月 12 日，http：//www. legaldaily. com. cn/xwzx/content/2014 - 09/12/content_ 5760759. htm。
② 周斌、刘子阳：《人民法院政府信息公开十大案例》，法制网，2014 年 9 月 12 日，http：//www. legaldaily. com. cn/xwzx/content/2014 - 09/12/content_ 5760759_ 2. htm。

钱群伟诉浙江省慈溪市掌起镇人民政府案的焦点集中在历史信息的公开问题上。所谓历史信息，是指《中华人民共和国政府信息公开条例》施行前已经形成的政府信息。本案判决确认"被告认为该条例施行之前的政府信息不能公开，缺乏法律依据"，符合立法本意。最高法院认可了这一做法，认为"法不溯及既往"原则，指的是法律文件的规定仅适用于法律文件生效以后的事件和行为，对于法律文件生效以前的事件和行为不适用。就信息公开申请而言，所谓的事件和行为，是依照条例的规定申请公开政府信息，以及行政机关针对申请做出答复。因此，根据本案确定的原则，只要申请信息之时《中华人民共和国政府信息公开条例》和《环境信息公开办法（试行）》已施行，就不属于"法不溯及既往"的范畴。① 这一案件对于环境信息公开实践，特别是公益诉讼的实践（环境公益诉讼常面临无法申请到相关的信息，从而无法提供充分证据的挑战），具有实际的指导意义。

（四）申请人对所申请信息的描述应当具体到何种程度

申请人对于所申请的信息描述和界定，与行政机关现有信息是否对称，是环境信息公开中一直存在的一个矛盾。对于环境保护部门而言，过于笼统、概括的申请，可能导致环境保护部门需要再去调查、搜集或者花费资源重新加工、整理，很难去满足这样的申请要求；对于申请者而言，往往也因为不具有相关的文号名称或具体线索，无法对所申请的信息做出确定、清晰的描述。

最高法院公布的张良诉上海市规划和国土资源管理局案，确立了处理此类问题的两个原则。第一，申请人在提交信息公开申请时应该尽可能详细地对政府信息的内容进行描述，以利于行政机关进行检索。第二，政府信息不存在的行政机关不予提供。"行政机关以信息不存在为由拒绝提供政府信息的，应当证明其已经尽到了合理检索义务。申请人对于信息内容的描述，也

---

① 周斌、刘子阳：《人民法院政府信息公开十大案例》，法制网，2014 年 9 月 12 日，http：// www. legaldaily. com. cn/xwzx/content/2014－09/12/content_ 5760759_ 4. htm。

不能要求其必须说出政府信息的规范名称甚至具体文号。如果行政机关仅以原告的描述为关键词进行检索，进而简单答复政府信息不存在，亦属未能尽到检索义务。"①

（五）主动公开与依申请公开的关系

根据《环境信息公开办法（试行）》及近期颁布的一系列法律法规，环境保护部门应当主动公开的环境信息实际上已经非常广泛。对于环境保护部门已经主动公开的环境信息，在收到信息公开申请时，是否需要再次公开呢？最高法院公布的如果爱婚姻服务有限公司诉中华人民共和国民政部案，虽非关涉环境信息，但对明确政府信息主动公开和依申请公开的关系具有示范意义。最高法院对本案分析认为，政府信息公开的方式包括主动公开和依申请公开，两者相辅相成，互为补充。对于已经主动公开的政府信息，行政机关可以不重复公开，但应当告知申请人获取该政府信息的方式和途径。②随着环境信息公开在制度上的扩展，主动公开的范围越来越大，本案对于保障依申请公开信息的权利具有指导意义。

三　公开尚需多方推动，使用方显成效

2013～2014 年，环境信息公开的制度框架从各个角度、各个层面取得了重要的突破和深化。然而，无论是法律法规的进展，还是司法上的保障，只是为环境信息公开提供了重要的条件。环境信息公开真正发挥作用，还有赖于它的切实实施以及获取信息后的使用。河北省新近制定的《河北省环境保护公众参与条例》，就专设一条鼓励环境保护组织依法监督信息公开情况和收集整理已经公开的环境信息。公众环境研究中心（IPE）开发的手机

---

① 周斌、刘子阳：《人民法院政府信息公开十大案例》，法制网，2014 年 9 月 12 日，http：// www. legaldaily. com. cn/xwzx/content/2014 –09/12/content_ 5760759_ 4. htm。

② 周斌、刘子阳：《人民法院政府信息公开十大案例》，法制网，2014 年 9 月 12 日，http：// www. legaldaily. com. cn/xwzx/content/2014 –09/12/content_ 5760759_ 5. htm。

应用 APP "污染地图"，就是公众监督信息公开以及使用信息的非常好的方式。APP 的用户可以及时获取所在城市的空气质量信息，查看各省、企业自行监测数据平台发布的重点污染源各个废气排放口的实时监测数据，包括污染物浓度、标准限值、超标倍数、排气量等，协助公众监督在线监测数据是否公开，以更便捷地获取实时监测数据，识别身边的"排放大户"。在山东等一些省份，当地环境保护组织也开始根据公开的在线监测数据，与污染者或监管部门互动，促进执法部门执法或污染者改正违法行为。

2015 年新《环境保护法》已经实施，我们期待环境信息公开成为常事，也期待公开的信息能够被有效地使用，真正发挥行政监督、公众监督阻击环境、生态破坏行为的强大威力。

生态保护

Ecological Protection

　　以牺牲环境为代价的"土地财政"，已被实践证明是不可持续的发展模式。《新型城镇化背景下的中国可持续消费》一文，通过将我国的生态足迹和生物承载力放到国际背景下进行比较分析，指出了推动中国新型城镇化，政府应当采取整体性战略方针及可持续消费的系统政策措施，构建绿色的生产方式、生活方式和消费模式，实现经济的生态化，这是根本出路。

　　2014年非洲埃博拉疫情的集中暴发引起世界恐慌的冲击尚未平息，中东呼吸综合征的阴霾又接踵而至。两者都是因人类知之甚少的可怕病毒感染而迅速蔓延的疫病。《热带病毒离我们不再遥远》一文，从热带病毒的起源、传播以及与人类纠缠不休的历史谈起，指出生物链是一种复杂的网状结构，包括病菌病毒在内的微生物，其实是全球生物之网和生命系统不可或缺的组成部分。人类所要做的是减少对自然生态的人为干扰破坏，同野生动物保持距离，在此过程中要学会与病毒共存，这样才能避其害而扬其利。

　　《马云英国狩猎引发国内狩猎争议》一文谈及，富豪们一掷千金通过合法途径狩猎野生动物，虽然无可指责，但毕竟不是可以拿来炫耀的高尚行为，更无关"环境保护"。就此文我们不妨进一步剖析，这种自以为沾染"贵气"和跻身"上流社会"的狩猎行为，其实根本不是当代西方贵族

的做派。西方贵族精神的核心是"公共责任"，即体现担当、荣誉、勇气、自律等一系列的价值观。在现实生活中，贵者未必富，富者也未必贵。富是物质的，是金钱、资本的积累；贵是精神的，是灵魂、人性修炼的高度。我们期待着中国的富豪早日完成从为公众所诟病的富而奢、富而霸、富而不仁，向富而俭、富而善、富而贵升华，为创建和谐社会与生态文明释放出更大的正能量。

新型城镇化背景下的中国可持续消费

陈红娟　陈波平*

摘　要： 本文主要分析中国新型城镇化建设规划背景下的中国可持续消费的现状、特点和趋势。文章通过对生态足迹和生物承载力的比较来阐述中国可持续消费的重要性，并通过分析降低生态足迹的可持续消费倡导活动，从而分析评价加快推动我国新型城镇化趋势下可持续消费的政策、战略性方针体系的构建。

关键词： 新型城镇化　可持续消费　可持续发展　生态城市

　　2014 年初中国《国家新型城镇化规划（2014～2020 年)》（以下简称《规划》）的出台，标志着新型城镇化已提高到治国的战略发展高度。《规划》明确以拉动内需、提高整体增长为目标，并承诺让中国的城镇化进程更加注重"以人为本"和"生态文明"。

　　一方面各大媒体和各级政府从土地、财政、户籍等角度解读新型城镇化，另一方面独立智库和非营利机构从环境、能源、民生等角度推崇生态

*　陈红娟，自由撰稿人，资深环保人士，欧洲西驰国际咨询公司创始人。2002～2004 年获欧洲法律硕士和人道主义援助人文双硕士后加入环保领域至今。学术特长为气候变化政策、能源法律，尤其最近五年来积极参与可持续发展领域的国际研究与全球项目管理；陈波平，世界未来委员会（WFC）中国项目总监，致力于 WFC 循环城市项目在中国的开拓发展，曾任世界自然基金会（WWF）"中国领跑世界革新全球项目"政策项目总监，负责 WWF 中国的政策研究与倡导工作，包括中国国内环境经济政策及中国对外投资的环境可持续政策，并协助中国领跑世界革新项目的战略规划。

的、可持续的新型城镇化。特别是世界自然基金会对于中国的城镇化和生态足迹的年度报告，以及两年来首创的 WWF 可持续消费周，从宏观经济和终端消费的角度为中国的新型城镇化建设提供可持续消费的框架建议和实践经验。

一　可持续消费与新型城镇化

（一）两者的概念、内涵与关系

"可持续消费"概念的正式提出始于 1994 年的挪威奥斯陆专题研讨会[①]，定义为"提供服务以及相关的产品以满足人类的基本需求，提高生活质量，同时使自然资源和有毒材料的使用量最小，使服务或产品的生命周期中所产生的废物和污染物最少，从而不危及后代的需求"。

此后，可持续消费的全球管理陆续出现在国际机构的报告和项目中。国际学术界也在 20 世纪后期开始将可持续消费作为可持续发展经济理论研究命题来开展讨论。可是侧重从宏观层面提出"改变传统消费模式"及其政策框架，并未形成"可持续消费理论"体系，也缺乏对可持续消费的质量、结构、模式等进行国别或区域实证分析及系统研究。

理论界对中国可持续消费的研究显得滞后，国内虽有部分学者由初探"绿色消费"问题向讨论"可持续消费"转移，但却没能在"可持续消费理论"研究上取得突破性的进展[②]。不过"生态足迹"这一概念的提出，既可从宏观角度量化地解析生态消费足迹，又可从微观角度精确到个人的生态足迹与生物承载力的关系，不失为可持续消费理论研究和实际运作的新突破口。

《规划》的出台，标志着新型城镇化已被提高到治国的战略发展高度。

[①]　http：//www. iisd. ca/consume/oslo004. html（1994 年奥斯陆专题研讨会，"可持续消费"的定义，英文）。

[②]　http：//baike. baidu. com/view/1817544. htm（百度百科，词条"可持续消费"）。

《规划》提出推动新型城市建设"顺应现代城市发展新理念新趋势，推动城市绿色发展，提高智能化水平，增强历史文化魅力，全面提升城市内在品质"。在加快绿色城市建设板块明确指出，"将生态文明理念全面融入城市发展，构建绿色生产方式、生活方式和消费模式"①。

城镇化往往带来居民收入的提高，由此带来了消费水平的提升、消费模式的改变和生态足迹的增加。中国目前发展所需要的重要能源和原材料、资源更多地从国际市场上购买，也暴露了国内生态资源和能源的供应不足。

显然，中央已经意识到中国工业化与城市化模式是以牺牲环境为代价的，以"土地财政""土地金融"作为依托的不可持续经济。因此新型城镇化规划突出"城镇化要体现生态文明、绿色、低碳、节约集约"等要求，提出要让绿色生产、绿色消费成为城市经济生活的主流，中国将生态文明的理念融入城镇化的进程，不走发达国家城镇化高能耗、高排放的老路，将为全球生态安全做出巨大贡献，同时也为发展中国家的城镇化之路探索出有益经验。②

（二）中国可持续消费的现状、特点与发展趋势

2007 年司金銮在其《可持续消费：理论创新与政策选择》一文中提到，"在美国、德国、意大利、荷兰等国分别有 77%、82%、94%、67% 的消费者在选购商品时会考虑生态环境因素，而在中国，可持续消费大众化虽已起步，但比例仍不足 20%，且这类消费品市场比较混乱（假冒伪劣泛滥）。"③

2012 年国际绿色指标机构调查了 17 个发达国家和发展中国家的消费者，最终完成绿色消费指数调查并形成分析图和报告。被调查者的负罪感也作为指数之一。中国相较于其他国家，名列最负面环境影响和负罪感第二，

---

① 《授权发布：国家新型城镇化规划（2014～2020 年）》，新华社，3 月 16 日，http：//news. xinhuanet. com/house/wuxi/2014－03－17/c_ 119795674. htm。

② 中华人民共和国中央人民政府官网，"解读新型城镇化规划/城镇不能盖成水泥森林"，http：//www. gov. cn/zhuanti/xxczh/。

③ http：//qkzz. net/article/cb5f8697－2efb－4371－a4e5－ac7fed56e80a. htm.

仅次于印度。①

2013 年，中国消费者协会、中国社会科学院经济学部与欧莱雅中国共同发布了《中国可持续消费研究报告 2012》，调查了中国六个主要城市的可持续消费现状和消费者对可持续消费的认知及行为，构建了中国可持续消费综合指数，为可持续消费政策的制定提出了建议。

虽然上述文章和调查的数据不能全面完整地体现全中国可持续消费各方面的现状和特色，但大致可以推断出中国可持续消费的特点：

第一，总体上与发达国家的可持续消费比较还有很大的差距；

第二，近年（2013～2015 年）中国城镇的可持续消费与过去（2007年）相比，居民的消费更趋理性及考虑生态环境因素；

第三，在某些领域（化妆品）的可持续消费有很大进步：从 2007 年的20% 提高到 2013 年的七八成（假定统计数据正确且具有可比性）；

第四，中国的服务型消费与其他国家存在较大差距。

笔者认为中国在新型城镇化背景下已经开始向绿色发展转型，绿色消费大势所趋，将从细流变为主流，非常态成为常态。当然推进可持续消费，需要各级政府、国内外机构、企业和消费者等各利益相关方共同、长期的努力，以形成生产者可持续生产、消费者理性采购的良性循环。

二 我国可持续消费的重要性

我国可持续消费的重要性可以从以下三个角度去理解。

（一）生态足迹与生物承载力的现状

最新的世界自然基金会报告指出："伴随着快速的经济发展和城镇化进程，中国的生态系统和自然资源也面临着日益增长的资源需求挑战，特别是

---

① Jason，"BRIC Countries Top Survey of Green Consumers"，August 8，2012，Global Sherpa 机构 2012 年 8 月 8 日，http：//www. globalsherpa. org/green - consumer - research - sustainable - consumption。

经济发展和城镇化带来的消费模式的演变，以及我们如何使用自然资源，将对中国的未来产生深远的影响"。①

自 20 世纪 70 年代以来，全球进入生态超载状态，即人类每年对地球的需求都超过了地球的可再生能力。中国也不例外，中国消费的生态足迹无论在总量上还是人均上都与经济同步爆发性增长。世界自然基金会报告指出：中国消费的生态足迹自 20 世纪 70 年代后一直处于生态赤字之中，这意味着中国每年消费的自然资源已经超过了本国生态系统所能承载的水平。2008 年，中国的人均生态足迹为 2.1 全球公顷，为其自身生态系统供给能力（0.87 全球公顷）的 2.4 倍。

（二）城镇化与生态足迹

城镇化是中国生态超载的主要驱动因素之一。世界自然基金会报告统计发现：1980～2011 年，中国的城镇化率从 26% 上升到 51.3%，中国城镇化率首次突破 50%，城镇居民消费占全国消费总量的比重从 40% 上升到近80%，说明了城镇化对生态超载有着驱动作用。根据《中国统计年鉴》的统计数据，城镇人口消费水平约为农村人口的 3 倍，因此快速的城镇化将给中国带来更大的生态压力和资源压力，成为消费生态足迹的重要组成部分。

世界自然基金会 2014 年的生态足迹报告同时也发现：城镇居民住房面积在 10 年内增长了近 50%，快速增加了住房类生态足迹。汽车数量的迅速增加是交通类生态足迹增加的主要原因。中国服务业的发展速度落后于工业的发展速度，仍然需要更有力的政策来引导消费升级。由此可见，城镇化水平的提高将是未来中国生态足迹特别是碳足迹增长的重要驱动力之一。

（三）转变不可持续消费模式的重要意义

"中国环境与发展国际合作委员会"（以下简称"国合会"）发布的

---

① 《中国生态足迹与可持续消费研究报告》，世界自然基金会，2014 年 3 月，http：//www.wwfchina. org/content/press/publication/2014/CN2014footprint. pdf（中文）。

"可持续消费与绿色发展"课题组研究结果①显示，我国的人均自然资源使用率正在迅速增加，在一些城市中，尽管还没有达到美国、欧洲和其他工业化国家和地区的人均消费水平，但其不断向上发展的趋势无疑应该得到关注。

这种向上的趋势表现为中国迅速攀高的人均生态足迹。正因为中国世界第一的温室气体排放量以及接近西方发达国家的人均排放量，2012年后中国在联合国气候变化谈判中压力重重。因此中国通过推动进一步的新型城镇化的可持续的城市发展模式和能源消费模式，努力尽快把城市人均能耗降下来，不仅仅为了减轻国际压力，更重要的是为了从容应对中国气候变化和能源危机的挑战。

三　中国可持续消费的政策、法律与实践

（一）中国可持续消费的政策与法律

中国根据1992年里约《21世纪议程》②制定了《中国21世纪议程》，并于1994年在国务院常务会议上讨论通过，以此作为可持续发展总体战略、计划和对策方案。

进入21世纪之后，中国各级政府出台了一些行业、税收、市场机制、产业调整等政策促进可持续消费。我国主要在11大类产品领域实施推行绿色消费的政策，涉及主要政策70多项。然而整体上可持续消费缺乏新的总体战略方案，加上《中国21世纪议程》由于历史局限把计划生育和发展市场经济作为首要任务，至今中国尚未采取推动可持续消费的系统化政策措施，这导致绿色消费政策尚未形成体系，政策作用不够明显。

---

① 《可持续消费与绿色发展》，中国环境与发展国际合作委员会课题研究，http：//www.cciced. net/zcyj/ztbg/ztzc/201404/P020140409360025690899.pdf。

② 《联合国可持续消费》"第四章：改变消费形态"，http：//www.un.org/chinese/events/wssd/ chap4.htm（中文）。

我国有关可持续消费的专门法律缺失，与可持续消费相关的法律及法律条文很少。即使在《环境保护法》《水法》《矿产资源法》《可再生资源法》等重要资源环境法律中也没有做出关于促进可持续消费或绿色消费的任何规定，导致推行可持续消费的目标及相关概念、范畴、主体等缺乏规范和明确的界定，推行可持续消费的各类政策缺乏法律依据，政府、企业和个人在推进可持续消费方面的责任和义务无章可循。

（二）降低生态足迹的可持续消费实践

生态文明要求的消费和生活方式，是以维护自然生态环境或以生物承载力的平衡为前提，在满足人的基本生存和发展需要基础上的一种可持续的消费模式。其核心是消费与生活的"可持续性"。

我国进入 21 世纪后开始的可持续消费实践，主要是由国内外环保团体、消费者和企事业机构自下而上倡导而开展的，大多从行业与产品的角度着手降低生态足迹。

总体上城镇居民消费的生态足迹由食物、服装、居住、交通与服务五类基本消费行为决定，俗称"衣、食、住、行、游"。城镇居民消费在这五大行业呈现多方面的可持续消费探索与实践风潮。本文简单概括分析衣食住行四方面的可持续消费实践。

1. 服装

中国的服装可持续消费在环保和动物保护机构的倡导下得以进步，一是由绿色和平机构发起的"纺织行业淘汰有毒有害物质行动"，已有 20 个知名品牌承诺将于 2020 年 1 月前实现有毒有害物质零排放的目标[①]；二是许多人对环保时尚的认识从动物保护主义机构提倡的"拒绝皮草"开始，过渡到了对以棉麻为代表的天然环保面料的认识，以及对废旧材料"再造"的回收再利用。

---

① 已承诺的去毒品牌：Nike, Adidas Puma, H&M, M&S, C&A, Li-Ning, Zara, Mango, Esprit, Levi's, Uniqlo, Benetton, Victoria's Secret, G-Star Raw, Valentino, Coop, Canepa, Burberry and Primark。

中国的服装消费者正在觉醒，越来越多的消费者意识到需要知道"谁"在"如何"制造他们的衣服，以及自己应怎样可持续地使用和回收再利用资源。因此，中国城市居民自发开展的旧衣回收、旧衣改造项目方兴未艾。

尤其值得注意的是瑞典时装品牌 H&M 全球范围内的大规模旧衣回收行动，2013 年 8 月，H&M 旧衣回收活动在中国各门店全面铺开，人们可以将任何品牌、任何成色的旧衣服拿到任意一家 H&M 门店回收。2013 年，H&M 共回收 3047 吨旧衣服，之后根据不同成色和材质进行分类，有的旧衣服被清洁消毒后作为二手服装出售，有的被加工成其他纺织产品，其余全部重新被加工成纺织纤维，目的是将纺织产品生命周期上这最后一环连接起来，形成一个完整的循环发展产业链。

2. 食物

近几年来，各界越来越关注粮食生产和食品消费对环境产生的影响。为减少粮食生产和食品消费造成的环境影响，世界粮农组织于 2010 年在中国推广可持续膳食与生物多样性，并制定膳食指南和食物指南来提倡可持续膳食。①

2014 年世界自然基金会的绿色可持续消费宣传周同时在北京、上海、广州、深圳、杭州、苏州、宁波、大连等城市的近百家零售企业门店内开展活动，向消费者宣传介绍绿色消费的理念。时值海洋管理委员会（MSC）可持续海产品第一次走进中国市场。为了使中国的消费者更多地了解 MSC 可持续海产品，鼓励消费者负责任地消费海产品，一场以"优选可持续海产品，保护蓝色海洋资源"为主题的 MSC 宣传活动成为本次绿色可持续消费宣传周的亮点。

3. 居住

据建设部统计，我国每年基本建设竣工量有 12 亿平方米，是全欧洲一年建设竣工量的 6 倍。其中，城镇住宅建设大约为 5 亿平方米。大量的住宅在短期内快速建成，住宅也逐渐成为消费和投资的最大商品，消费者在若干

---

① 《食源性膳食指南与可持续性》，世界粮农组织，http://www.fao.org/nutrition/education/food - dietary - guidelines/background/sustainability/zh/。

年的发展中已逐渐成熟起来，对住宅消费已从早期单纯地追求面积指标，转向开始追求和注重住宅的品质。住宅的品质包括住宅所在的位置、朝向、层数、绿化、能效、节水、物业管理等多个方面。

居住带动的不仅仅是土地资源和空间资源的消费，还带动了能源、水和各种建筑装修材料的消耗。我国近年兴起的旧屋改造旨在提高旧房能效使用，新建筑绿色标准为未来建筑提供可量化的借鉴准则，其中LEED领先能源与环境设计是美国绿色建筑协会在2000年设立的一项绿色建筑评分认证系统，用以评估建筑是否符合永续性的标准，这项标准在中国的影响逐年扩大。2008～2014年，中国经LEED认证的与可持续建筑相关的活动有1410个，主要集中在大中城市①。LEED认证的目的在于：规范一个完整、准确的绿色建筑概念，防止建筑的滥绿色化。该认证在美国部分州和一些国家已被列为法定强制标准，但在中国仅作为自愿标准。

另外，提倡新材料与新工艺的应用，如建筑节能技术、中水处理技术、分户采暖、太阳能技术、选用节水型卫生洁具等也成为中国生态城镇化的尝试，尤其在生态城市的规划设计和建设中。2014年更加细化的居住可持续消费还有中国的可持续装饰装修公益性活动、可持续装修网站、"乐活宜家"的主题活动、电器店可持续消费周活动等。

4. 交通

交通方面的可持续发展也被称为"可持续交通"（Sustainable Transport）或绿色交通（Green Transport），是指所有对环境影响小的运输方式，包括步行、骑车、以交通为导向的发展模式、绿色车辆、车辆共享，以及通过节能、空间储备、促进健康的生活方式来建设和保护城市交通系统。其中北京市老旧机动车淘汰项目，纯电动出租车，P＋R换乘停车场和公租自行车项目，以及全国公租自行车和纯电动车的兴起，都是低碳交通发展中的佼佼者。

交通系统对环境具有重大影响，其中20%～25%的世界能源消费和二氧化碳排放量都是由交通造成的，其带来的温室气体排放量也超过了其他领

---

① *Green Building Evaluation Label*（*China Three Star*），http：//www.gbig.org/buildings/752325。

域的能源消耗。公路运输也是造成当地空气污染和产生烟雾的主要因素。推行可持续交通尽管基本上是基层运动，但现在被公认为具有城市、国家和国际性的意义。

四　中国可持续消费发展的主要问题、挑战与建议

联合国中国可持续消费伙伴关系 2014 年年会采用绿色会议方式召开。联合国环境规划署中国官员蒋南青博士认为，"联合国中国可持续消费伙伴关系自 2012 年成立以来，通过组织一系列的官方和行业交流活动以及面向消费者的宣传活动，已经逐渐让可持续消费被政府机构和公众所认识和接受，同时也吸引了越来越多的中国企业认识到可持续生产的重要性并积极加入伙伴关系。现在要提起'绿色消费'、'绿色出行'和'绿色建筑'等名词，已经是耳熟能详，这是十分可喜的进步，离不开各伙伴单位的努力和奉献。"

然而从整体上看，中国的可持续消费仍以小部分消费者的自愿行为为主，尚未形成主流，也未能扭转生态赤字的局面。

笔者认为，中国的各项生态赤字给可持续消费带来的主要挑战有：

（1）消费质量的提高；

（2）消费数量的控制；

（3）消费模式的改善和升级。

以上三项的目标在于尽快减少中国的生态赤字，并使中国的生态足迹与生物承载力尽快达到生态平衡状态。

有鉴于此，世界自然基金会和国合会近年分别提出了自己的主张。世界自然基金会 2014 年的《中国生态足迹与可持续消费研究报告》提出的政策建议主要有四大点[1]：

（1）提高消费资源环境效率，促进可持续消费转型；

---

① 《中国生态足迹与可持续消费研究报告》，世界自然基金会，2014 年，http：//www. wwfchina. org/pressdetail. php？ id＝1539 （中文）。

（2）协调区域经济发展与资源环境保护，引导可持续消费均衡发展；

（3）控制城镇和农村生态足迹，实现城镇消费可持续化；

（4）推进可持续消费转型，加强公众参与。

国合会课题组认为，"要在中国成功推动可持续消费，政府应该采取整体性战略方针"。国合会 2013 年发表的《加快推动我国绿色消费的战略框架与政策思路》报告指出：实施消费绿色转型应成为一项国家战略，是中国绿色发展总体战略的重要组成部分，其具有明确的战略目标、重点任务、政策手段和执行主体，构成一套相互支持、紧密配合的框架体系，如图 1 所示。

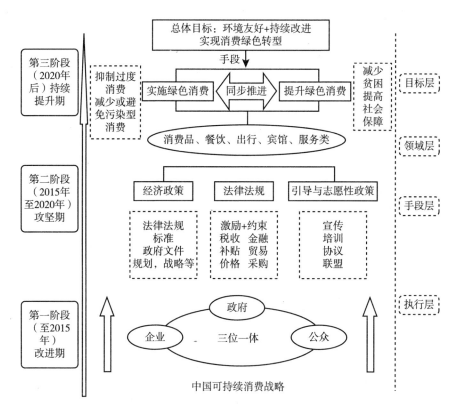

图 1　中国可持续消费战略框架体系

资料来源：《加快推动我国绿色消费的战略框架与政策思路》报告，http://www.prcee.org/wz/252938.shtml（中文）。

这张中国可持续消费路线图，分三个阶段循序渐进地实施。

对于两大机构的建议，笔者更倾向国合会的整体战略方针。该战略充分参考了欧盟优先发展可持续消费和生产的政策战略，从设计生产源头抓起，自上而下地引导实施认证体系，可持续生产与消费互相推动。

目前，欧盟在促进可持续消费模式方面已经取得了长足的进步。如有机产品市场在欧洲迅速增长，已经占到全球有机产品市场在 2007 年总收入的 50% 以上。在欧洲，自愿性信息工具已被广泛使用，包括产品的生态标志（ISOI 级），环境产品声明（EPD、ISO Ⅲ 类），有机食品标签，提供给消费者的建议和教育材料，等等。

中国的新城镇化是挑战也是机会，坚持可持续化的城镇化发展方向，塑造协调的城乡关系，设计合理的城镇模式与推行自然友好的消费行为，可以使生态消耗的速度低于城镇化发展的速度。欧美一些生态城市的经验昭示，一个城镇发展成熟以后，经济生态化的发展还可以进一步降低生态足迹和碳足迹。

只有将可持续消费的生态文明理念全面融入城市发展，构建绿色生产方式、生活方式和消费模式，才有可能实现中国的生态平衡与可持续发展。

热带病毒离我们不再遥远

——2014年非洲暴发埃博拉疫情的警示

沈孝辉*

摘　要：　热带病毒虽是恐怖的生物杀手，但促成其从热带丛林中释放出来的却是人类自己，正是由于滥杀野生动物和滥伐森林，摧毁了阻隔疫病的生态屏障，才造成病毒跨越物种界限传播。包括病菌病毒在内的微生物的多样性，也体现了全球生物多样性。人类应当首先管好自己，才能真正学会与自然和谐相处。

关键词：　埃博拉　热带病毒　生态屏障　生命之网　生物多样性

2014年3月，新一轮的埃博拉疫情暴发于几内亚，随即迅速波及塞拉利昂、利比里亚、尼日利亚、刚果（金）、塞内加尔、马里等非洲国家。据世界卫生组织公布的最新统计数字，截至2015年3月底，全球死于埃博拉病毒的人数已经过万，被感染的确诊病例达2.5万人。最严重的疫情主要集中于西非的三个国家。由于在非洲广大的农村地区收集数据十分困难，世界卫生组织认为，实际死亡的人数远远超过了登记在册的人数。

此次埃博拉疫情为史上最重，并呈加速蔓延之势，西非多国宣布进入了

* 沈孝辉，中国人与生物圈国家委员会委员，国家林业局高级工程师。长期从事保护地、森林、湿地、荒漠化和野生动物保护生物学的研究、写作及环境保护活动。2014年埃博拉疫情暴发之际，沈孝辉正在西非，收集了大量材料，特撰写此文。

紧急状态，飞往疫区的航班曾被下令禁飞，不祥的阴影笼罩在热带非洲的国家；全球也有如惊弓之鸟，一片恐慌。有鉴于西非各国目前无法管控好疫情，世界卫生组织宣布，埃博拉疫情已是国际突发的公共事件，要求各国从政府层面高度重视疫情的发展。

一 来自非洲热带丛林的三大病毒杀手

病毒是介于生命与非生命的中间状态的一种最原始的有机物微型颗粒，是没有细胞就无法"激活"的寄生物。病毒是生物性物质，但不是完整的生命，它必须攻击并征服寄主的细胞才能复制自己。由此可见，病毒的生命形式是极其"经济"的，它赖以生存繁衍的原料和能量全部来自于寄主，是借助寄主细胞进行自我复制的感染性因子。在进化的过程中，病毒一般会与寄主和平共处，以便可持续利用寄主细胞的资源。但是，跨越物种传播的新病毒往往缺乏这份耐心，而新寄主也往往与之不相适应，因此产生的突发性的恶性细胞病变就足以摧毁寄主的生命。

据估计，全球至少有32万种可感染哺乳动物的病毒。历史上，由于病毒而引起的疫病一直与人类如影随形。在传染病肆虐的时代，疫病对历史变迁的影响尤为显著。有学者指出，如果从流行病的角度来看，罗马亡于疟疾，埃及毁于血吸虫，中国的明清两代则衰落于鼠疫。瘟疫的大暴发导致社会失序，天下大乱，病魔从而影响历史的进程。而今，为了寻找对现代人危害最大的三大病原虫的来龙去脉，让我们走进非洲一探究竟。

（一）疟疾

疟疾是人类共同的疫病，威胁到世界90个国家的公共卫生。疟疾是由雌按蚊传染病原虫引起的一种寄生虫病，全球有超过1/3的人口是这种疫病的受害者，据估计，每年患疟疾的人数为3万～5亿，死亡150万～350万人。大多数疟疾病例和死亡都发生在撒哈拉以南的非洲。笔者在西非生活的两年时间，身处"脑疟"死亡率最高的几内亚比绍，也曾两度染上疟疾，幸得到中国援非医疗队及时有效的治疗，方无大碍。

科学家对喀麦隆野生黑猩猩的血液样本进行分析，发现了疟原虫的真正源头。他们从中鉴定出 8 种疟原虫，而黑猩猩的疟原虫比人类的疟原虫的基因更多样化，这说明疟疾是黑猩猩通过疟蚊这一中间寄主传染给人类的。利用基因序列信息，科学家又计算出疟疾在 6500 万年前起源于非洲，但直到3300 年前才开始传播到非洲之外的地区，遂成为全球性的疫病。

（二）艾滋病

艾滋病源于一种能攻击人体免疫系统的病毒。艾滋病毒的复杂结构显示，它经历了一段物竞天择的演化过程。它有 9 个基因，是目前已知的最复杂的病毒。第一例艾滋病感染者可追溯到 1959 年，而为世人广为知晓的艾滋病病例却是 1981 年在美国发现的。1985 年这种病被正式冠以"人类免疫缺损病毒"（HIV）的名称。在非洲，艾滋病人群的分布与白脸猿的地理分布十分吻合，然而野生动物却不会受这种病毒的感染而死亡。据说，艾滋病病毒的宿主可以追溯到 20 世纪初的中非。有一个猎人闯入喀麦隆的热带丛林杀死了一只黑猩猩，黑猩猩血液中的病毒通过猎人的伤口进入体内，就此开始糊里糊涂地改变了人类的命运。迄今，病毒至少已感染了 6500 万人，每年约死亡 200 万人，每天还在新增 6000 个患者，其中非洲的艾滋病患者占全球的 70% 以上。

对艾滋病的起源，科学界有两种观点。一种认为艾滋病病毒是人类本来就持有的，数百万年前的人猿揖别时就已经存在，只是直到近几十年才被发现，这是个时间问题。但更多的学者认为，艾滋病病毒并非人类持有，而是从黑猩猩所持有的病毒跨物种感染而来。美国科学家在对我们祖先的基因进行研究之后认为，自人类和黑猩猩从进化的阶梯上分道扬镳之后，他们仍然保持暧昧关系达 400 万年之久，而且还有过共同的后代。人类为这种种间的乱伦付出了沉重的代价。许多科学家也认为，艾滋病确实是这种人猿交媾的最可怕的后果。而今，艾滋病的复发，则带有现代的烙印。它变成了一种文

明病、城市病，也可以说是一种"飞机病"。现代人的生活方式为一个古老病毒的激活创造了一个全球流行的社会环境。

（三）埃博拉

埃博拉病毒是一种比艾滋病病毒更恐怖的生物杀手，是神出鬼没的非洲出血热瘟疫。感染埃博拉病毒者九死一生，一般在最初症状出现一周后死亡，至今仍无药可防治。死者七窍流血的惨象令人不寒而栗，内脏被病毒吞噬得已无形状，呈黏糊糊的一片糨糊状。

其实，埃博拉并非是一种新型的传染病，它在中非的热带丛林和草原上已经流行了几个世纪。只是此前并未引发大规模的死亡，埃博拉便一直默默无闻。埃博拉疫情最早见诸记录是在1976年9月，从苏丹蔓延到扎伊尔（今刚果金）的一个叫杨布库的小镇子。当时，这种无人知晓的烈性传染病毒肆虐了55个村庄，导致了280人丧命。一支来自西方几个国家的专家组将这种病毒的名称取自杨布库附近一条河流的名字，即埃博拉。此后埃博拉疫情共发生过30多次。1995年流行时造成近千人死亡。与人一起死去的还有刚果和加蓬数以千计的大猩猩。疫情暴发后，森林一片死寂，大自然安静得令人恐怖。此次在西非暴发的埃博拉瘟疫颇不寻常，因为以往只是在非洲的中部和东部地区发生过，而且没有哪一次像2014年一样波及得如此之广，感染者和死亡者如此之多。

埃博拉病毒被发现了，但病毒的来源及传播途径在一段时间里成了难解之谜。埃博拉与艾滋病这种致人缓慢死亡，因而有充裕时间繁殖及传播的病毒不同。埃博拉借助了人类至今仍不甚了解的携带病原体的动物，传播起来常有迅雷不及掩耳之势。之所以还没有像艾滋病和疟疾那样在全世界引起大流行，并非是因为人类的防治工作做得尽善尽美，而是因为埃博拉病毒"在能够变成一种传染媒介之前，被传染者已经死亡"。于是，病毒与患者同归于尽。也正因为如此，埃博拉疫情每每来去无踪，它的出现及消失无规律可循，令人不可捉摸。估计此次埃博拉疫情在肆虐一番之后也会故技重演，突然销声匿迹，然后潜伏起来，伺机再起。

只有找到病毒的来源及传播的媒介和渠道，才有可能采取措施从源头上切断传染源，控制疫情的流行。科学家们认为，埃博拉病毒的源头应是某种和人类无直接接触的野生动物，很可能还有一种和人类有接触的动物作为中间寄主，能够将病毒从原宿主那里带入人群。这样才能解释为什么历次埃博拉疫情都是突然出现，又突然归隐山林，消失无踪。为此，各国科学家在非洲检查了蚊子、臭虫、老鼠、猪、牛、猴子、蝙蝠和鹿。1996年，科学家仅在中非共和国，就捕捉并分析了4.8万只动物，但一无所获。

二 同野生动物"零距离"招来的横祸

2014年，埃博拉疫情在西非四国最先暴发后，17名来自欧洲和非洲本土的热带病专家、生态学和人类学专家组成研究团队，调查和追溯埃博拉病毒的源头。他们在几内亚东部偏远的一个小山村附近捕捉动物进行化验，因为这里是2013年12月疫情的首发地。科学家发现，当时有一名两岁儿童被感染埃博拉病毒的果蝠叮咬，随后他将病毒传染给母亲，两人均在一周内死亡。接着，埃博拉病毒随着前来参加葬礼的人群扩散，越传越远，越扩越大。

此前，科学家虽已发现蝙蝠是埃博拉病毒的主要携带者，但很少发现蝙蝠会传染给人。埃博拉疫情在更多的情况下是由于吃了感染病毒的野生动物而引起的。在刚果热带雨林及其周边地区，黑猩猩肉是土著们饮食结构的一个组成部分，而黑猩猩也不时会将人的幼童掠去吃掉。从某种意义上也许可以说，热带非洲的食物链关系就像史前一样古老。

1995年1月，扎伊尔的基克威特市郊外的一个农民死于出血热。疫情很快流行开来，在4个月里死亡245人，其中包括60名医护人员。但科学家对埃博拉病毒宿主的调查依然无功而返。1996年2月，在加蓬与扎伊尔交界处有个叫"梅依波特2"的小村庄，村里的18个人同时生病，染病之前他们屠宰了一只在丛林中死亡的黑猩猩，之后大家饱餐一顿。科学家们注意到，正是由于埃博拉病毒的感染，野外大猩猩也大量死亡。随

后，科学家又在三种大果蝠的样品中都发现了埃博拉病毒。就是这样，经过十几年的实地考察研究，埃博拉病毒的宿主及中间寄主总算是有了线索可循。

我们看到，在加蓬和喀麦隆，人们的饮食毫无禁忌，几乎没有百姓不食的野生动物。我们也看到，在刚果（布）的集市上，猴子被宰杀后烤熟待售。我们还看到，在加蓬，黑疣猴的头被砍下制作烧烤；而在几内亚，蝙蝠汤和熏烤蝙蝠是地方的特色小吃；更不必说"食猩（猩）"了，这是非洲热带丛林土著们的共同嗜好。可以说，所有这些"丛林肉食贸易"的结果，直接导致了一波又一波各种疫病跨物种的传播。当人们大口大口地吃掉这些野生动物之时，野生动物中携带的病毒随之进入人体，也在无情地吞噬着人类！

黑猩猩、大猩猩和猴子都是埃博拉病毒的自然宿主，而蝙蝠则是传播病毒的中间寄主。2014年3月在几内亚，正是蝙蝠造成了埃博拉疫情的大暴发。研究显示，飞行中的蝙蝠新陈代谢水平可增长15倍（鸟类为2倍）。随着新陈代谢水平的猛增，蝙蝠的体温随之上升。体温升高可以激发哺乳动物体内许多免疫反应，产生更多的抗体。蝙蝠就是通过不断发高烧的机制来降低体内各种病毒的毒性。于是，蝙蝠就成了高效的病毒存储库，它们的"带病作业"，又成了病毒的高效传播器。

蝙蝠是多种致命疫病和病毒的宿主兼寄主。正是由于栖息地的破坏，它们才不得不越来越接近人类的聚居地，生活在果树和枝叶繁茂的大树上。其中喜食水果的果蝠最为危险，他们会通过唾液和尿液将病毒留在果皮上和果肉里。人吃了这些被病毒传染的水果自然就会染病。

在自然界，蝙蝠代表着一个古老的哺乳动物血统，它们超强的飞行能力使之获得了广阔的活动空间，接触大量的植物与动物，为其携带的病原体扩大传播范围提供了机会和可能。像蝙蝠这样携带多达61种可引起人类疾病的病毒"飞弹"，可怕之处在于它们自身感染疾病却毫无症状，也不见受害，可是一旦传染给人类就会掀起一场瘟疫的风暴，到处传播并导致死亡。

著有《瘟疫的故事》①一书的美国医学史专家霍华德·马凯尔指出：人类还未学会与自然和谐相处的正确方法，某些沉睡了成千上万年的病毒，不断被人类日益增强的征服自然的能力唤醒。特别是自进入农耕文明和工业文明的时代以来，持续和高强度地开发荒野使得人类接触到此前难以遭遇的更多病毒。那些被隔离在丛林深处的病魔，一个接一个地被人类"开发"出来。当人类摧毁了阻隔疫病的生态屏障，病毒也就顺利地跨越了物种界限。而种族与国家之间的战争以及人口迁徙、殖民以及商贸、旅游等活动，又进一步将病毒及疫病扩散到人类生活圈的各个角落。

值得关注的是，自殖民时期以来，人类的瘟疫便呈现跨越新旧大陆并在殖民者和土著民众之间交互传播的特点。例如，天花原本只在旧大陆（欧、亚、非）流行，但是，当欧洲殖民者登上美洲大陆时，带去了多种原住民从未遇见过因而对其不具有任何免疫力的传染病，其中最致命的一种便是天花。墨西哥地区的古阿兹特克帝国，就是由于西班牙300名殖民者带去的天花造成的瘟疫，在不到50年时间里，其人口从2500万锐减到300万。幸存者也丧失斗志，一个强大的帝国就此消亡。瘟疫铲除了阿兹特克帝国后继续向南进发，又先后毁灭了玛雅文明和印加文明。今秘鲁及周边国家曾经存在的古印加文明，也因天花流行而被西班牙的180名殖民者轻而易举地征服。欧洲殖民者也有意无意地将天花传播给北美洲的印第安人，在天花病毒的肆虐下，几个主要印第安部落由数百万人口锐减到只剩下数千人，甚至完全灭绝。在与殖民者接触之前，整个美洲原住人口有2000万~3000万，而到了16世纪，只剩下100万人。

到了17世纪中期，大自然开始帮助殖民地报复殖民者。来自非洲的奴隶把疟疾和黄热病带到美洲，显然，那里的欧洲人比当地的印第安人更容易感染这两种热带病。

时至今日，艾滋病依然猖獗，而埃博拉又汹涌而至。病毒与疫情的蔓延被现代交通工具大大提速，居住在地球村中的所有居民哪怕远隔千山万水，

---

① 〔美〕霍华德·马凯尔：《瘟疫的故事》，上海社会科学院出版社，2003。

其实也就只有一架飞机航班的距离。文明世界已经联成了命运与共的同一整体。在病毒与人类的这一场旷日持久的缠斗之中，没有哪个国家、哪个民族可以置之度外，独善其身。

三　同一个世界，同一个健康

病毒与人类纠缠不休的恩怨，容易使人忽视问题的另一面——微生物在全球生命维持系统中具有的至关重要的作用和地位。须知，腐生细菌使生物圈保持清洁，是它们分解腐烂的植物与动物的尸体残骸，并将植物生长必不可少的氮释放回土壤。微生物在我们这颗生机益然的星球的能量流动和物质循环之中扮演着一种转换的角色，从而维系动物界与植物界的持续与健康。否则的话，全球各类生态系统都将被自身产出的"垃圾"充斥而窒息。

人体的本身也是一种自成体系的"生态系统"，它的健康运转当然也少不了微生物的参与。从人体的皮肤、口腔到肠胃，都有大量的细菌繁衍共生，并参与了人类的生命活动。人类与细菌共存一体，并受益于种类繁多、种群庞大的细菌的恩惠。危害人类健康的细菌虽然相对较少，但破坏力却惊人。正如诺贝尔奖获得者约什瓦·莱德所言："没有任何一种保证使我们在病毒与人类的自然进化竞争中总能获胜。"尽管人类通过科技的力量力图摆脱生物之间残酷的竞争，却仍然难以变成不受任何生物控制机制所制约的超级物种。人类迄今所付出的努力也不过是自身地位的改善，而非根本性的改变。这是因为自然的法则较之人类的社会法则更具权威性与强制性。

病毒的存在还揭示了食物链（称"生物链"更准确）并非中学教科书上所画的那样是金字塔形的直线结构，而是环环相扣的网状结构。不同生物之间相互的食物供给关系绝非"大鱼吃小鱼，小鱼吃虾米"的简单化了的吃与被吃的关系。事实上，生物链是一种非常复杂的网络结构，能量、物质和信息正是通过这种生命之网流动、传递和循环运动，从而形成了相互依存并相互制约、协同进化的微妙关系。由此可见，关于人类（及掠食动物）高居食物链金字塔顶端的说法并不确切。人类其实是食物链或生态链中

"很不心甘情愿"的一个环节。他们既是"消费者",也会被"消费掉"。不论人类如何凭借在几百万年进化中取得的霸主地位贪婪地攫取自然资源,力图填满自己那无止境的欲壑,他们自身都无法避免充当自然界分解者的"消费品"的宿命。其实,他们活着的时候已经在被病菌和病毒们缓慢地"消费"着了。这正是自然之母通过生命之网实现她的"公平"和"正义"。

当我们洞悉了生物链(包括食物链)是一种环环相扣的网络系统,生物与生物之间是相生相克、互为依存、互相制约的关系,大自然的一切物种并无高低贵贱及好坏益害之分时,我们就会明白,人类从自身的某种利益出发,企图"消灭"某些对自身"有害"的物种,实际上就是一种撕破生命之网的短视之举,在解决眼前某个问题之后,又会产生可能更棘手的和更多更大的问题。例如,当人们了解到蝙蝠是埃博拉病毒的携带者和传播者,会导致疫情的大暴发时,会采取怎样的措施呢?通常的做法是大力消灭这种作为中间寄主的野生动物。但是,这样做的结果恰恰又会导致另一种"生态灾难"——须知正是蝙蝠给农作物传粉,并吃掉大量蚊虫。蝙蝠种群数量的大量减少必将导致农作物的歉收和蚊虫的肆虐,引发饥荒和登革热、疟疾等以蚊虫为媒介传播的热带病的泛滥……由此可见,生物链上的任何一个环节的缺失都可能引起意想不到的连锁反应。面对疫情,人类与其四面出击,不如首先"管好自己"!

在生物圈中,包括病菌病毒在内的微生物,是联系各种生物及各个物种之间的纽带。生物学家认为,这是物竞天择、自然进化的必然结果。当生态系统相对稳定时,病毒就会在寄主那里潜伏着,反之,任何生态学意义上的扰动,现在主要是人为干扰,如砍伐原生林、猎杀野生动物,都会导致病原体跨物种传播,引发传染性疫病。

热带雨林是无与伦比的物种多样性基因库,所以,它也是最大的病毒基因库。因为病毒的多样性也是生物多样性的一个组成部分。人类不可能,也没有必要消灭一切病毒,所要做的是学会如何与病毒共存,进而能避其害而扬其利,使病毒也能像其他生物一样,造福于全人类。

G.12

马云英国狩猎引发国内狩猎争议

刘 琴*

摘 要： 对于野生动物，处于食物链顶端的人类有没有生杀大权？马云2014年赴英国苏格兰狩猎事件经媒体曝光之后，其"狩猎促进野生动物保护"的言论引发广泛的争议。狩猎行为的生态后果、环境后果及背后的利益推手，成为舆论高度关注的话题。

关键词： 海外狩猎 名人效应 生态后果 利益推手

2014年8月初，中国富商马云赴英国苏格兰狩猎事件被曝光，国人恍然发现，当普通人借着旅游探亲之机跑去海外大肆狂购之时，中国富豪却早已经不再满足于单纯的购物，狩猎成为他们新的爱好。

狩猎，全名又称"运动狩猎""战利品狩猎"或"游戏狩猎"。

港媒称，中国富豪不惜每周豪掷逾10万英镑赴英打猎。受英剧《唐顿庄园》影响，他们开始爱上赴英狩猎，还租住城堡和聘请管家，甚至连服饰配件等皆以英国贵族为标准。[①]

但与其他富豪"以狩猎找乐和攀比"所不同的是，马云认为，他去苏格兰学习打猎，是为了增加保护野生动物和生态环境的知识。

---

* 刘琴，《中外对话》北京办公室编辑，参与过多篇环境与生态的观察文章的撰写。

① 杨宁昱：《港报：中国土豪们一周豪掷100多万元赴英打猎》，http://world.cankaoxiaoxi.com/2014/0811/456756.shtml。

中国环保组织"自然大学"创办人冯永峰发公开信抗议马云狩猎，认为马云花高额学费去学些在中国可能根本用不上的"先进技能"，得不偿失。

马云在回应外界的质疑声时说，狩猎是门专业技能，它既是人类和大自然亲近交流的手段，更是人类尚武精神传递的重要方法。不少国家和地区通过狩猎和钓鱼募集了大量自然保护基金。但他也承认，狩猎是非常残忍的事。①

马云的解释，引发狩猎派和反猎派的激烈论争。

狩猎派认为，狩猎是促进野生动物保护的科学有效的方式，但中国社会却不敢正视这一点。马云狩猎，对于传播科学的野生动物保护理念来说，带了个好头。

反猎派则称，马云狩猎恰恰树立了一个坏榜样，将激发中国富豪狩猎热，会对野生动物保护产生不可低估的负面影响。中国国内狩猎市场一旦向这些富人的新兴趣味开放，后果将必然与野生动物保护背道而驰。

一　付出代价的名人狩猎

"一边狩猎，一边谈环保。"公众质疑马云虚伪、言行不一。

热爱动物的名人拿枪瞄准动物，是需要付出代价的。马云不会想到，即使在遥远的苏格兰，在他开枪的一刹那，就注定要成为万人谴责的对象。马云已经不是第一位因狩猎问题而遭到抗议的公众人物了。

2012 年 4 月，西班牙国王胡安·卡洛斯一世到博茨瓦纳猎象事件被曝光后向公众致歉，甚至一些左派要求他辞职，一些动物保护组织的成员也对国王捕猎濒危动物表示不满并组织抗议。世界野生动物基金会西班牙分会取消了卡洛斯一世在该组织担任名誉主席的职位。②

---

① 曾亮：《马云承认花 50 万赴英狩猎 称对贵族生活并无向往》，http：//sports. dzwww. com/china/201408/t20140811_ 9714029. htm。

② 《西班牙国王奢侈狩猎不慎摔伤遭炮轰被迫向民众道歉》，http：//news. qq. com/a/20120419/000820. htm。

2004年2月，英国哈里王子参加一家公司组织的狩猎活动，因一张在阿根廷猎杀水牛的照片而陷"狩猎门"，而在此事件被曝光的前几天他还承诺将拯救非洲濒危野生动物。威廉王子也因狩猎事件被媒体曝光，引发英国民众关注，被指"言行不一"。①

对于自认为热爱中国环保事业的马云来说，仅仅因为一次狩猎经历而被谴责，是不是有些冤？中国科学院动物研究所研究员谢焱认为，正是因为马云是公众人物，又热爱环保，他对中国的环保现状较普通人来说应该有更深入的了解，因此不能以普通人的标准来要求，他的一言一行万众瞩目，马云狩猎行为一定会引起更多人效仿，特别是富人。

马云也乐于向公众展示其热爱环保的一面，他甚至在自己的微博认证中只标出"TNC（大自然保护协会）全球董事会董事马云"这一身份。②

二　富豪们狩猎，苏格兰生态环境恶化

叱咤商场的马云不知道，狩猎行为不但招来中国人的非议，而且也触到了苏格兰环境保护人士的痛处，中国富豪巨资狩猎非但没有给苏格兰的生态环境带来丝毫改善，甚至破坏了当地原本和谐的自然环境。

据《中外对话》报道，为了吸引客户，苏格兰狩猎庄园刻意鼓励鹿群数量增长，通过猎杀鹿群天敌从而保证客户在狩猎季能打到足够多的雄鹿，以致当地庞大的鹿群数量危害着自然环境。苏格兰曾经拥有大片茂密的树林，而如今，森林的覆盖面积仅仅4%。山上光秃一片，再也见不到连片的天然林地（现今整个苏格兰的连片树林也不过几公里）、茂密的山地灌丛和葱郁的河边树林。这是成千上万只鹿不加节制地觅食带来的后果，仅存的一点树林也在逐年缩减。

苏格兰约翰·缪尔信托基金土地与科学部负责人迈克·丹尼尔斯告诉

---

① 赵衍龙：《英哈里王子陷"打猎门"：猎杀水牛照片曝光》，http://world.huanqiu.com/regions/2014-02/4838311.html。

② 马云微博，http://t.qq.com/tncmayun/。

《中外对话》："唐顿庄园"式的贵族狩猎方式，只能使环境问题不断恶化下去。在那里，大型狩猎庄园拥有豪华的宅邸，配有忠实的私人狩猎助手（即猎场管理员和狩猎向导），并且生活奢华。苏格兰大部分狩猎俱乐部使用这种沿袭已久的贵族狩猎模式，在世界范围内招揽有钱客户，马云就是其中之一。

三　看不见的利益推手

富豪们看不到的真相是——他们的奢侈消费助长了苏格兰鹿群的无节制繁衍。

迈克·丹尼尔斯说，苏格兰狩猎俱乐部是促使鹿群数量居高不下的主要原因。

可想而知，狩猎俱乐部追求的是利润，躲藏在狩猎背后的真正推手是利益而非保护。

在国际上，杀死一只猎物的许可证价值往往高达几万美元，加上相关的服务费，花费更加巨大，有时会远远高于猎物本身的经济价值，狩猎因此被称为"富人的游戏"。

2012 年 2 月 28 日，《广州日报》刊登一则《五十万可猎北极熊？》的报道。该报道说，在"我爱狩猎俱乐部"创始人卢彬的网站上，记者看到，狩猎团报价从 59800 元至 498800 元不等，范围涵盖非洲、北美洲、南美洲、大洋洲和欧洲。与价格相对应的是奢华的设施和各类专属服务，比如狩猎时，有专门的翻译和当地导猎员陪同。与一般豪华旅行团不同的是，团费里很重要的是猎物花费，以最贵的价值 498800 元的加拿大 14 天北极熊狩猎团为例，费用里就包括了一只公北极熊。[①]

卢彬创办的网站"我爱狩猎俱乐部"上有一篇标题为《狩猎，隐秘流行的富人游戏》的文章。文章中引用英国《卫报》报道，称苏格兰一家专

---

① 《五十万可猎北极熊？》，http：//ucwap. ifeng. com/tech/discovery/qiquziran/news？ aid＝32170770&mid＝9kgFAI&rt＝1&p＝2。

营运动和射击旅游的公司负责人乔治·金·史密斯说，虽然豪华狩猎和射击旅游项目收费很高，一个团队一天可能会花掉1.5万英镑，但对该旅游项目的需求从来没有这么旺盛过。英国地产公司莱坊日前也发布报告称，与狩猎、射击和垂钓相关的资产过去10年来价值增长了32%，而有红松鸡出没的地块售价更是上涨了49%。

《中国新闻周刊》报道说，为迎合部分富豪收藏象牙的爱好，卢彬的网站极力向会员推荐"68万打两头大象"的狩猎项目，"因为我们打大象都是合法的，我们有华盛顿公约进口许可证。这样的话（象牙）就能合法地进口到中国。"正安旅行社网站上则宣称："在北京的工艺美术商店，一根27655克的未雕刻原象牙标价168万元，一只3450克的象牙标价24万元，而我们通过合法途径狩猎，得到的不仅仅是一个难得的狩猎经历，享受过去西方殖民者才有的奢侈旅行方式和服务，还能得到一对总重30～80公斤的象牙，还有珍贵大象皮，完全可以放心地保值收藏。"①

四 来中国狩猎变为去海外狩猎

据《中国新闻周刊》报道，最早把"战利品狩猎"带到中国的，是一位富豪。这位名叫刘国烈的美籍华人早年靠开超市发了财。1974年，刘国烈退休环游世界。因为喜欢打猎，他结识了很多国际狩猎场的管理层。②

1984年，刘国烈来到中国，极力"推动"狩猎项目。当年，青海都兰县展开了岩羊的狩猎；1987年，甘肃开放了盘羊狩猎；1990年，新疆也开放布尔津的盘羊狩猎；1992年，四川展开水鹿狩猎；1993年，陕西开放羚牛的狩猎。刘国烈说，他曾经帮助很多国际猎人在中国狩猎，"他们中有大使、医生、阿拉伯王子，都是全球各地最有钱的人"。

---

① 晓锁：《中国富豪海外狩猎》，http：//www. gd. chinanews. com/2012/2012 - 03 - 20/2/
183120. shtml。
② 晓锁：《中国富豪海外狩猎》，http：//www. gd. chinanews. com/2012/2012 - 03 - 20/2/
183120. shtml。

一位知情人告诉《中国新闻周刊》，当时，国内的林业部门开放野生动物的狩猎是希望通过外国人来中国狩猎，赚取一定的外汇，谁也没有想到还有中国人到外国狩猎的这一天。

20年过去了，随着中国经济的增强以及中国富人阶层的涌现，越来越多的中国富人也要过一把杀戮瘾。从广袤的非洲大草原，到千里冰封的北极冰面，倒在中国富豪枪下的野生动物越来越多。从2004年开始，越来越多的中国富豪开始走向世界，参与一项充满争议的狩猎活动——战利品狩猎。

据《中国新闻周刊》介绍，与当年外国人来中国打猎相似，现在前往海外狩猎的中国富豪们，要支付5万元人民币到68万元人民币，才可以到国外狩猎从黑熊到大象大小不等的动物，获得熊皮、象牙等"战利品"。高昂的费用使得报名的人"非富即贵"。[①]

中国富豪可以名正言顺地花着大把钞票，威武地与猎物合影而不受法律制裁。

但令人费解的是网络"炫猎"事件2014年屡有发生，网友不但非法狩猎，还要上传图片加以炫耀。例如，男子网上炫耀虐杀国家一级重点保护野生动物藏野驴[②]；网友捕猎豹猫并将照片发到QQ群上，后被转发至微博[③]；网友炫耀猎杀白鹤，一手捏住白鹤脖子，另一只手拉开白鹤翅膀[④]……前两个案子因当事人承受不住舆论压力而投案自首，第三个案件至今还没有结果。

网络"炫猎"是无畏还是无知？如果说是无畏，那么嘲弄和讽刺的恰恰是执法部门执法不力的现实。无怪乎，每到候鸟迁徙的季节，大量候鸟都要葬身国人腹中。2014年发生的广西富商嗜吃老虎肉组团购买的新闻也让

① 晓锁：《中国富豪海外狩猎》，http：//www. gd. chinanews. com/2012/2012 – 03 – 20/2/183120. shtml。
② 《变态虐驴男被抓后招供 先猎杀藏野驴再残忍肢解》，http：//www. guancha. cn/broken – news/2014_ 08_ 14_ 256666. shtml。
③ 郦晓君、薛小林：《广西猎杀豹猫男子因散布谣言被拘10天，供认图中确系豹猫》，http：//www. thopaper. cn/www/V3/jsp/news Detail_ forward – 1283435。
④ 欣华：《网友炫耀猎杀白鹤、豹猫》，http：//news. sina. com. cn/c/2014 – 11 – 24/090031192467. shtml。

人大跌眼镜。如果说是无知，则说明普法宣传工作还远远没有做到家。2014年7月，河南农民汪某因逮87只癞蛤蟆被判拘役。法院认定汪某违反狩猎法规，破坏野生动物资源，情节严重。据报道，汪某是中国因逮癞蛤蟆不足百只被定罪的"第一人"。[1]

中国富豪海外合法狩猎与网络非法"炫猎"虽有法律上的根本区别，但他们"炫猎"的本质却是一样的。

有海外狩猎场负责人称，中国富豪总是希望猎尽可能多的猎物，带不走的就扔掉，"很多人只满足打很多的动物，然后在自己的猎物前拍照，用来攀比"。[2]

合法狩猎传递出来错误的信号：有钱就可以把野生动物杀掉。"炫猎"真实地反映了国人扭曲的价值观，即吃野生动物不但不会遭人鄙视，相反还能成为财富和地位的象征，消费野生动物者也往往是"非富即贵"。以至于中国政府多次发布《党政机关国内公务接待管理规定》，规定"工作餐不得提供鱼翅、燕窝等高档菜肴和用野生保护动物制作的菜肴"。

五　科学离狩猎，有多遥远

狩猎，到底是不是保护野生动物的有效手段？即使是在狩猎制度相对成熟的国家，对于这个问题仍然存在很大争议。

《战利品狩猎真的能起保护作用吗》一文否认了狩猎的保护作用，文章进一步认为，狩猎问题不能单靠科学就能解决，比如狩猎收入，很多是被运作狩猎的组织拿去了，真正用于保护的很少。[3]

从理论上讲，在准确掌握和监测动物种群数量的基础上进行科学狩猎是

---

① 《农民逮87只癞蛤蟆被判拘役三个月》，http：//news.sina.com.cn/c/2014－12－02/005931230425.shtml。

② 杨宁昱：《港报：中国土豪们一周豪掷100多万元赴英打猎》，http：//world.cankaoxiaoxi.com/2014/0811/456756.shtml。

③ 《战利品狩猎真的能起保护作用吗》，http：//conservationmagazine.org/2014/01/can－trophy－hunting－reconciled－conservation/。

有可能做到的，但是需要花费大量的研究经费，这不是每一个国家都能承受的。

自然大学以加拿大猎熊为例来说明经费问题：即便是支持狩猎的生物学家也会承认，在加拿大需要 10 年的科研投资和调查投资，耗资 2000 万加元才能调查清楚灰熊的状况，鉴于加拿大政府无力负担这笔开支，不得不承认"很难为狩猎辩护"。更何况非洲国家和中国。[①]

另外，科学不能解决社会伦理问题。当 2006 年国家林业局宣布"打公不打母，打老不打小"的狩猎原则时，即招来全社会的嘲笑。

暂且不论人类是否有权利剥夺年老体衰、不能生育的雄性动物的生存权，动物家族成员非正常死亡的瞬间留给下一代的是永久的痛苦记忆。生而自由基金会（Born Free Foundation）专家 Chris Draper 说，猎物中枪后挣扎的血腥场面给别的动物带来严重的心理创伤。大象死后，曾发生小公象杀死同伴的事件。

对于制度问题，科学更是无能为力。2014 年 11 月，湖南公务员打猎射杀农妇惨剧轰动全国，狩猎协会被指沦为权贵俱乐部。本该知法守法的官员，却为了满足自己不正当的打猎嗜好，轻易伤害平民性命，更何况是野生动物![②]

---

① 《（公开信）警惕中国富豪的"出国狩猎症"》，http：//www. nu. ngo. cn/shsj/1770. html。
② 宋凯欣：《官员打猎接连命 狩猎协会被指沦为权贵俱乐部》，http：//news. qq. com/a/20141211/035439. htm？tu_ biz =1. 114. 1. 0。

海外生态足迹

Ecological Footprint Overseas

　　中国经济的生态足迹持续增长，人们对自然环境的需求远超中国自身的生物承载力，因此中国对外部资源的依赖性越来越强。近年来，通过投资、贸易、金融等经济活动，中国与世界的联动愈加频繁。特别是 2000 年"走出去"战略提出后，中国对外投资迅速增长，投资额超过其他任何一个发展中国家。在推动全球经济繁荣的同时，中国也影响着其他国家的当地环境、社区发展、生物多样性及对气候变化的应对。此外，经济地位的提升让中国参与全球议题构建的机会显著增多，从气候变化、南极治理、加入WTO，到 2013 年主动提出"一带一路"建设、金砖开发银行和亚投行的创建，这些无不说明中国在当今全球治理中的作用越来越重要。

　　海外生态板块共收录了四篇文章，涉及中国的矿业海外投资、全球木材贸易、在巴西投资面临的环境挑战和人文挑战，以及南极海洋保护等多个领域。涉及的案例和问题不同程度地体现了中国在履行环境责任和社会责任方面所面临的机遇和挑战。通过在国际贸易与投资中进一步强化生态保护理念与标准，中国为全球绿色转型发挥了更积极的作用。除了企业和政府外，在参与国际事务过程中，中国的 NGO 也成为民间外交的主要力量，因为很多领域往往是政府外交与援助所延伸不到的。

中国企业海外矿业投资的反思与启示

白韫雯　毕连册*

摘　要： 作为中国"走出去"战略的重点投资领域，海外矿业投资
正愈加频繁地面临环境风险和社会风险，这使中资企业备受
经济和声誉的双重损失，也让中国"走出去"战略的实施
困难重重。本文通过分析中国在秘鲁、老挝等地的投资项目
所产生的问题，指出遇到问题的原因，并针对中国企业"走
出去"后如何能创造双赢提出建议。

关键词： 中国海外投资　矿业投资　绿色信贷　NGO 参与

随着中国经济的快速增长和"走出去"步伐的加快，中国在海外投资
的影响令人瞩目。据商务部 2014 年的统计，中国对外直接投资流量在 2013
年为 1078.4 亿美元，首次超过千亿美元①；2009 年起成为非洲第一大贸易
伙伴；2010 年成为拉美第三大投资国。企业"走出去"正成为拉动中国经
济的重要动力。中国在海外的工程项目多集中在电力、矿业、公路铁路以及
与民生相关的基础建设等方面，这些项目在一定程度上带动了当地的经济发
展。但从一些投资项目上也看到，由于对东道国文化、政治和法律环境了解

---

* 白韫雯，创绿中心主任、研究员，在可持续金融、海外投资、气候及能源政策方面有多年
研究经验；毕连册，创绿中心项目专员，从事海外投资相关研究，在英国和东非走访并参
与调研中国海外投资影响相关项目。

① 中国商务部、国家外汇管理统计局：《2013 年度中国对外直接投资统计公报》，2014，第
3 页。

不充分，中国的海外投资项目不被投资所在国和当地社区所接纳。这是中国企业在履行环境社会责任上经常面临的挑战，从 2011 年被缅甸政府冻结的密松大坝项目到 2015 年因环评缺失被叫停的斯里兰卡公路项目①，环境问题越来越容易成为中国海外投资社会风险的引爆点，让中国企业备受经济和声誉的双重损失，中国"走出去"也因此成为国际关注的焦点。

以矿业为例，在 2000 年国家提出"走出去"的政策鼓励下，越来越多的矿企因各种原因走出国门寻求商机，从最初为满足国内对矿产资源日益增长的刚需，到现阶段企业自身国际化发展的需要或是为缓解国内就业压力等考量。无论是以境外直接投资流量还是境外直接投资累计存量计算，矿业投资都在中国对外投资中名列前茅，2013 年采矿业占对外直接投资的 23%，投资额 248.1 亿美元，是除了以控股为目的的租赁和商务服务之外投资量最多的行业。目前，中国矿企活跃在世界各地，投资方式日趋多元，包括在当地设立全资子公司、与当地企业合资、采用绿地投资、股权并购、以合同方式为工程提供设备服务等。投资确实给项目东道国带来了实际的经济效益，还带动了就业，引进了技术资源，提高了矿区附近居民的收入水平，改善了当地医疗卫生、教育等公共服务。2013 年中国在海外投资的项目为各项目东道国创造了 370 亿美元的税收，提供了 96.7 万个就业岗位②。2011 年中国在赞比亚的投资创造了 5 万个就业岗位，大部分来自矿业③。然而，矿业向来是投资的高风险行业，项目实施过程存在环境和社会隐患，涉及水土污染、安全生产、劳工以及土地征用和移民安置等诸多问题。这些问题如果处理不当，会造成与当地社区的冲突。例如在紫金矿业收购秘鲁的 Rio Blanco 铜矿及项目准备开工之时，就由于土地权益以及与当地社区沟通不畅等问题

① Ranga Sirilal, Shihar Aneez, "Sri Lanka threatens Chinese firm with legal action to stop project" Reuters. 5th March, 2015, http://in.reuters.com/article/2015/03/05/sri - lanka - china - portcity - idINKBN0M01Y720150305.

② 中国商务部、国家外汇管理统计局：《2013 年度中国对外直接投资统计公报》，2014，第 6 页。

③ "Zambia Seizes Control of Chinese-Owned Mine Amid Safety Fears", 20 February, 2013, *BBC News*, http://www.bbc.co.uk/news/business - 21520478.

导致多起暴力冲突事件，项目建设最终被搁置①。缅甸的 Letpadaung 铜矿被万宝矿业收购之前就存在社区问题的隐患，2012 年宣布扩张计划之后，土地补偿和矿山污水问题进一步导致了示威游行和人员受伤②。

国际社会对中国海外投资一直持有不同的观点和评价，高风险的矿业投资也因此受到更多关注，质疑和批评性的报道也随之而来。有时，政治人物也会加入讨论，对中国投资者的资源获取表示担忧。博茨瓦纳总统就曾公开表示："我们和中国企业发生过不愉快的经历……我们将对中国企业做严格审查，无论这家企业是做什么的。"③ 在某些情况下，批评有可能带有政治目的。中国"走出去"的企业背景和投资方式多元，投资所在国和地区的政治、国情状况复杂，企业过往经验、公司治理情况等也大不相同，这些个案很难代表中国境外投资的整体面貌，但是确实在不同程度上反映了中国矿企海外经营存在着不容忽视的问题，影响着中国"走出去"的整体形象。其实，这些问题并非中国矿企专属，但无论对哪国投资者来说，企业严于律己、注意自身环境社会表现，都是应对高风险的最好策略。正如国家商务部一位研究员所言，"中国企业拥有资金和技术能力，但他们缺少对当地文化的尊重，企业社会责任淡薄，如果这个问题不解决，中国的对外直接投资不可能持续增长。"④

为进一步了解中国矿业海外投资的情况和影响，2012～2013 年，中国本土环保公益组织创绿中心⑤的研究团队对包括老挝、柬埔寨、秘鲁在内国

---

① 创绿中心：《中国矿业投资：国内和海外的发展、影响与监管》，http://www.ghub.org/wp-content/uploads/2014/11/PDF2-Mining_ZH_CASE.pdf。

② Lucy Ash, *Burma Learns How to Protest – Against Chinese Investors*, 24 January 2013, BBC News, http://www.bbc.co.uk/news/magazine-21028931.

③ Nicholas Kotch, *Khama Wants Fewer Chinese Firms to Receive State Contracts*, 20 February 2013, Business Day, http://www.bdlive.co.za/world/africa/2013/02/20/news-analysis-khamawants-fewer-chinese-firms-to-receive-state-contracts.

④ Ding Qingfen, Chinese firms' Growing ODI Offers World Opportunities, *China Daily*, 10 July 2012. Available at: http://www.chinadaily.com.cn/cndy/2012-07/10/content_15563185.htm.

⑤ 创绿中心是一个中国本土的环保公益组织。创绿研究院以全球视野展开立足本土的研究，推动有效的环境、气候政策的制定和执行，其间推动多方对话，促成积极改变。

家的中资企业投资进行了案例分析。通过这些重要的在地信息，企业在海外的表现和遇到的问题跃然纸上。

一 采用高标准有助于实现共赢

中国矿企因环境违规在海外被处罚的事例并不少见。如在2014年3月，中国铝业在秘鲁投资的特罗莫克铜矿因污水处理系统不完善，给当地包括自然保护区在内的水域造成污染，被秘鲁环境部所属的环境评估与监管局通知停产整改，在停产整顿的两周时间里，特罗莫克铜矿的产量和项目运行都受到了损失。其实，该项目在海外投资中对于环境和社会影响的补偿已经花费了不少成本。特罗莫克铜矿在2008年5月完成收购，经过5年的前期建设和社区补偿建设后才于2013年底投产，其中用于改善社区关系和环保保护的投入为15亿美元，而采矿权费用为8亿美元①。新建城镇用于安置矿区原住民和社区补偿也曾受到了当地的好评。而因污染停产整顿距离正式投产才刚刚四个月②。在高额投入之后仅因一处疏忽就导致处罚和其他负面误解实在非常可惜。紫金矿业集团在秘鲁投资的Rio Blanco铜矿在2008年因没有遵守项目原所属公司曾向秘鲁政府提交并通过的《环境评估报告》中的约束被处罚，加上项目之前存在的污染隐患和土地所有权问题没有得到妥善解决，项目受到民间组织和当地居民的阻碍，进展艰难③。

同样是面临环境和社会风险，如果企业在海外项目上采取相对高的标准，就可以很大程度上避免这类问题，例如，中国五矿集团公司在2009年收购了澳大利亚OZ公司，并成立子公司（五矿资源有限公司），其资产包括在老挝的Sepon铜金矿，新公司不仅沿用了原企业严格完善的管理体系，

① 《中资企业在秘鲁为何不敢乱污染》，http：//view. news. qq. com/original/intouchtoday/n2750. html。

② 周洲：《中铝秘鲁铜矿恢复生产，未充分估计南美雨季影响》，http：//www. nbd. com. cn/articles/2014 - 04 - 15/826046. html。

③ 创绿中心：《中国矿业投资：国内和海外的发展、影响与监管》，http：//www. ghub. org/wp - content/uploads/2014/11/PDF2 - Mining_ ZH_ CASE. pdf。

还自愿加入了国际采矿及金融协会（ICMM）和《采掘业透明度行动计划》（EITI）。通过采纳这些国际准则，五矿资源有限公司制定了企业的生产管理要求，协调与矿区社区的关系①。也因此，企业并没有出现过污染事故，项目正常运行的同时也与当地社区建立起了信任关系。可见，中国企业在海外投资中采纳高标准，不仅可以减少或避免潜在的投资风险，而且还能促进与当地的良好关系，增加企业自身的声誉。

政府为了帮助企业避免这些风险，在政策方面也为企业"走出去"提供了环境和社会标准方面的指引性软政策。例如，商务部、环保部2013年发布《对外投资合作环境保护指南》，要求海外企业尊重东道国的风俗和宗教信仰，遵守地方法律法规，促进当地经济、环境和社区的协调发展，并且对环境影响评价、污染物控制和应急预案提出了要求②。五矿化工进出口商会在2014年底发布了《中国对外矿业投资行业社会责任指引》，在吸纳中国国际标准和国内政策的基础上，提出了七项指导原则，其中包括对自然资源、利益相关方的尊重③。这些指引虽然还不具备强制性，但企业在投资过程中采用这些标准有利于企业和相关金融机构提高防控风险能力。尤其在法律法规不够健全，但是民众维权意识强烈的国家和地区，仅仅以当地的法律法规为最低执行标准并不能保证项目的顺利实施。然而，这些软政策对于企业的约束力有限，在执行层面上还有待进一步的具体规范，例如，五矿化工进出口商会正在对《中国对外矿业投资行业社会责任指引》的实施做进一步的培训。

在中国政策和指引不断发展完善的过程中，参考成熟的国际标准也将对企业有所帮助。例如，《联合国全球契约》《全球报告倡议》等是企业或银行自愿加入并遵行的标准。有一些中国企业已经参与其中，例如国家开发银行加入了《联合国全球契约》，中国五矿集团的子公司加入了《全球报告倡

---

① 创绿中心：《中国矿业投资：国内和海外的发展、影响与监管》，http://www.ghub.org/wp-content/uploads/2014/11/PDF2-Mining_ ZH_ CASE. pdf。

② 中华人民共和国环境保护部、中华人民共和国商务部：《对外投资合作环境保护指南》，2013。

③ 中国五矿化工进出口商会：《中国对外矿业投资行业社会责任指引》，http://www.cccmc. org. cn/docs/2014-10/20141029161135692190. pdf。

议》，这样不仅对于海外投资的项目可以起到规避风险的作用，与当地实现互利共赢的发展，还能够帮助国内企业逐渐转变发展模式，向绿色可持续发展转型。

二 信息披露对于企业和社区的重要性

必要的信息披露不仅在国内的《环境保护法》当中被要求提及，在海外投资项目中也同样受到当地居民和项目利益方的关注。尤其在矿业、基础建设等大型项目的领域，在项目建设过程之外还涉及资源税、土地权益、安置补偿等资金问题，腐败和资金被滥用的可能性非常大，如果信息披露缺乏，则企业会招致公众和民间组织的不信任，进而产生负面影响。

紫金矿业在中国国内的信息披露不容乐观，2010 年曾发生两次严重污染事故，并且因为延误发布水污染事故，使下游生活用水受到影响，同时造成渔业经济损失，作为上市公司，也损害了股东的利益，被证监会三次调查并处罚[1]。在海外，以秘鲁的 Rio Blanco 铜矿为例，一方面，该项目在收购前的尽职调查轻视了与当地社区已经存在的紧张关系，入股和收购之后这些紧张关系升级为冲突，对项目实施和员工安全都造成了威胁，而这些涉及运营和财务的风险并没有及时向股东和投资者披露。另一方面，紫金矿业在处理与当地社区的关系时，例如重新安置和补偿问题时也缺乏透明沟通，信任很难建立，导致冲突不断升级，项目进展艰难[2]。

国内对于矿业信息披露的法规要求不高，目前只有在上海证券交易所和香港证券交易所上市的公司，必须披露资源交易价格的信息。缺乏信息披露并非个案，透明国际[3]在 2013 年的一份报告中对新兴经济体国家和企业在

---

[1] 创绿中心：《中国矿业投资：国内和海外的发展、影响与监管》，http：//www.ghub.org/wp-content/uploads/2014/11/PDF2-Mining_ZH_CASE.pdf。

[2] 创绿中心：《中国矿业投资：国内和海外的发展、影响与监管》，http：//www.ghub.org/wp-content/uploads/2014/11/PDF2-Mining_ZH_CASE.pdf。

[3] 透明国际（Transparency International）是一个监察贪污腐败的国际非政府组织。

反腐和透明度方面做了排名比较，其中，中国企业表现不佳，满分10分只获得2分，在金砖五国中得分最低。在对于企业的评估中，被选取的33家中国企业中有5家矿业公司均表现不佳，其中得分最高的兖州煤业股份有限公司为2.8分，最低的中国五矿为0.8分[①]。该项评估的范围适用于一般企业活动，并非只适用于海外项目，但中国企业的低分也说明了需要建立更加透明的企业文化。透明度缺失会对国内外项目都造成影响，也会损害中国企业的整体形象。可见中国企业在此方面还有很多的进步空间。

国际上较为成熟并且值得借鉴的经验有《采掘业透明度行动计划》[②]，该联盟倡议成员国和会员企业披露与自然资源相关的收入和税费，其成员国家包括中国矿业公司的海外项目东道国，如秘鲁、蒙古国、尼日利亚等[③]。目前中国还不是这项计划的成员国，但中国企业可以成为其会员，例如，中国五矿的子公司已经加入。中国企业在海外项目中采用并学习国际成熟体系，是提高国内的信息披露系统水平很好的切入点。

无论哪个国家的投资者，在从采矿权的获取到矿产运营的过程中，确保透明度都非常重要。特别是在监管机构不发达、法治薄弱、存在高腐败风险的国家和地区，强有力的信息披露规定和承诺可以避免相关方的猜疑。与社区关系的良好与否，对于企业自身发展尤其重要。建议企业和金融机构在项目投资前，尤其是在不熟悉东道国国情的情况下，要重视尽职调查和与当地利益相关方的沟通，尤其是与公众的沟通，避免不必要的阻碍，并且对项目情况有更充分的了解，以便做出更明智的评估和决策。

三　金融机构应起到投资把关的作用

对于环境和社会影响显著的矿业、基础建设等领域，项目通常投资规模

[①] 创绿中心：《中国矿业投资：国内和海外的发展、影响与监管》，http：//www.ghub.org/wp-content/uploads/2014/11/PDF1-Mining_ZH_REPORT1.pdf.

[②] 《采掘业透明度行动计划》（EITI）是一个由政府、企业和社会团体共同发起的全球合作联盟，目前有31个国家达到了标准。

[③] 《采掘业透明度行动计划参与国家列表》，https：//eiti.org/countries。

大，周期长，需要商业银行或者开发性金融机构在融资上予以支持。在全球范围内，开发性金融在投资和建设中不仅提供了重要的资金支持，其自身治理机制、安全保障政策的建立也对其所投资项目的环境、社会影响起到了关键作用。以金融方法来控制项目环境社会影响的方式，从消极角度来看，有利于切断环境违法企业的信贷，提高环境违法成本；从积极角度来看，鼓励金融机构把环境社会保障标准纳入授信条款，可以帮助贷款企业主动预防由于环境、社会问题而带来的财务风险。

近年来，国内银行通过控制贷款来督促企业环境行为的事例时有发生。2014年徐州环保局将辖区内企业年度环境行为评级结果抄送至中国人民银行，纳入银行企业征信系统[①]；2010年46家辽宁污染企业被追回或停止贷款[②]；2007年12家污染企业经环保总局向中国人民银行和银监会呈报，被收回或停止贷款[③]。

目前中国的金融业在环境和社会保障政策方面还处于不断完善的阶段，中国的金融机构相比于国际金融机构还有很大的学习空间。为帮助金融企业提高环境社会责任，中国银监会2012年颁布了《绿色信贷指引》（简称《指引》），对银行业在贷款项目合规方面做出了指导。《指引》在第二十一条中明确了对境外投资项目的风险管理，为金融机构在项目的环境和社会影响方面发挥监管作用提供了支持[④]。第二十一条规定，中国银行业金融机构应当加强海外项目的环境和社会风险管理，与国际良好做法保持一致。中国的开发性金融机构，如国家开发银行，已经在采取积极措施改善其投资组合的环境和社会标准，并根据《联合国全球契约》的十项原则中关于人权、

---

① 《徐州污染企业被控制贷款规模，禁止获新增贷款》，http://www.025ct.com/xuzhou/xzqy/2014/0610/325609.html。
② 《辽宁停贷46家重污染企业，金融遏制环境违法》，http://finance.qq.com/a/20100816/001172.htm。
③ 刘世昕：《12家重污染企业被各家银行拒绝贷款》，http://business.sohu.com/20071116/n253288139.shtml。
④ 中国银行业监督管理委员会：《绿色信贷指引》，http://www.cbrc.gov.cn/chinese/home/docView/127DE230BC31468B9329EFB01AF78BD4.html。

环境、劳工和腐败的内容制定了相关环境政策和内部绩效指标。中国进出口银行也有类似的政策,尽管中国国家开发银行发布了摘要,并在其企业社会责任报告中提到了这些政策,但并没有公开政策全文。中国进出口银行在2008年针对世界银行能效项目发布过环境及社会影响评估政策,对于借款方在前期与社区沟通及执行运营中的环境社会影响提出了要求,但是该政策的公开时间非常有限。同时,银行对拟授信项目的评估是闭门进行的,并不公开已经授信项目的具体评估文件。中国国家开发银行和中国进出口银行的资金项目目前没有明确的公众参与或获取信息的专门渠道,也没有公众对银行项目表达不满的申诉机制。这些做法都会影响绿色信贷政策的实际效果。

国际上值得借鉴的经验有很多。如世界银行、亚洲开发银行已经有了相对成熟的环境和社会保障政策体系,并且对于所贷款项目的违规行为有申诉机制,可以在贷前和贷后都尽量发挥开发性金融的监管作用。同时,中资银行也加入了一些国际性自愿约束框架,如赤道原则(Equator Principles)①、联合国环境规划署金融行动 (UNEP FI)②,这些自愿性约束框架也可以帮助银行制定内部的项目融资在环境和社会影响方面的政策。赤道原则为金融机构制定负责任的风险决策提供最基本的尽职调查标准,采纳赤道原则的金融机构承诺通过制定内部的项目融资环境和社会政策、流程和标准来实施该原则,并承诺拒绝向不愿或不能遵守该原则的客户提供项目融资或贷款。但加入赤道原则的中国商业银行目前只有兴业银行一家。一些中资银行已经开始组建小组研究赤道原则,并计划将这些原则纳入工作之中。例如,2008年,中国国家开发银行建立赤道原则工作组,并在2012年度报告中表示这些原则将逐渐在银行业的发展中被采纳。中国国家开发银行、中国招商银行、兴业银行和深圳发展银行等中资金融机构已经签署加入了联合国环境规划署金融行动,并签署了涵盖可持续发展、可持续发展管理、公众意识和交流的声明。

---

① 截至2013年,来自35个国家的78家金融机构已签署赤道原则。
② 联合国环境规划署金融行动是一个致力于提高可持续发展的自愿性框架。

四　NGO 在海外投资减少生态足迹中发挥的作用

中国在国际事务中的关键地位对中国 NGO 的参与提出了更高的要求。在海外投资的问题上，一方面，需要中国的 NGO 具备参与国际问题的能力，扩展视野，超越只关注本国经济、社会、环境问题的视角，起到本国与项目东道国的桥梁作用。另一方面，需要 NGO 有能力和企业共同促进沟通，消除误会，使企业能够信任 NGO 提供的对于当地情况的建议和对相关环境社会影响的反馈。在此过程中，NGO 可以帮助企业和政府加强与当地社区、民间组织的沟通，帮助中国企业在海外投资时采纳最佳的国际实践，与世界先进模式接轨。

《中国企业国际化报告（2014）》在分析了中国海外投资案例后指出，中国企业在处理东道国复杂政治社会关系的能力上有待提高，其中包括"不重视反对派、NGO 组织以及媒体的声音"。中国企业在对外直接投资过程中往往轻视 NGO 的作用，更注重与政府高层的关系而不是与当地利益相关方的沟通，使得一些原本能有更好解决方式的环境社会矛盾激化。[①]企业不应把 NGO 看作敌人或洪水猛兽，而应看作帮助当地利益相关方沟通的桥梁，提供当地信息、了解当地法律法规、聆听当地社区声音的环境社会顾问。

以开发性金融为例，世界银行、亚洲开发银行等多边开发性银行安全保障政策的发展与国际社会民间组织十多年来的参与推动和监督密不可分。国际河流[②]常年关注水电的融资问题，亚行观察[③] 10 年间一直监督亚洲开发银行的环境社会标准建设。通过国际 NGO 和项目当地 NGO 的参与和建议，安全保障政策在内容和实施上能够更加切实地考虑到项目对于当地环境和社区

---

① 王辉耀主编《中国企业国际化报告（2014）》，社会科学文献出版社，2014，第 26 页。
② 国际河流（International Rivers）是一个旨在保护河流和流域相关社区的国际 NGO。
③ 亚行观察（NGO Forum on ADB）是一个关注亚洲开发银行授信项目环境社会影响的 NGO 联盟。

的影响，开发性金融机构也逐渐建立起对于民间组织建议的认可和采纳。而中国牵头或建立的开发性金融机构的环境社会影响保障政策需要由了解中国国情的民间组织来参与和监督。尽管各项安全保证政策在完善中，但是中国开发性金融的环境社会影响监管措施还没有形成系统，与国际多边金融机构的通用惯例还有一定距离。国内 NGO 在过去两年内对中国企业走出去的讨论正循序渐进，对开发性金融的监管却因知识和能力积累有限而参与甚少。

同时，中国 NGO 也可以起到监督中资企业行为的作用。监督不是为了限制中资企业的投资和发展，而是希望在保护当地社区利益的同时，切实预防企业因环境社会影响而引起的商业风险。更重要的是，NGO "走出去"的过程，其实也"引进来"新思维，NGO 可以学习其他国家如何将公众参与引入决策，如何促进政府制定法规以惠及社区和环境的可持续发展，为推动中国自己的经济转型累积经验。

五　结论与展望

通过金融、贸易、海外投资，中国正快步成为全球经济活动的重要参与者，在主动适应全球规则的同时，也承担起积极参与制定规则的责任。关注并提升中国企业在海外的形象，这不仅事关企业自身的经济利益，提升国家整体"走出去"的形象，而且也为国内法律法规完善、行业标准提高提供了外部的推动力，尤其是在社会和环境保障方面。近些年，国家相关部委也正努力完善有关政策指南，为企业的市场行为做出规范，提出软约束。但更重要的是，企业自身思维需要转变，包容、开放地去了解并理解不同经济、政治体制下民众的担忧和考量，因为有时，仅仅通过提升基础设施建设、创造就业岗位并不足以满足项目东道国对"包容性发展"的诉求。从国外回到国内，这对"走出去"的中国企业来说，也是一个边学边实践的过程。

为何中国应推动立法禁止
非法木材进口

易懿敏 *

摘　要： 非法木材采伐及相关贸易给社区发展、国家稳定、气候变化及生物多样性等方面带来严峻挑战。近年来，非法采伐及非法木材贸易的问题日益受到各方重视，除了木材生产国不断努力提高自身森林治理及施政能力外，消费国也在采取积极行动打击非法采伐及贸易。中国作为全球第一大林产品进口国，为了减少其巨大的林产品需求给木材生产国所带来的不良环境与社会影响，发布了自愿性的指南规范境外运营的企业。中国还可以在应对非法采伐木材及相关贸易问题上做出更大贡献，其中就包括通过严格立法明令禁止非法木材进入中国。

关键词： 非法采伐　木材贸易　热带森林　环境犯罪　反腐

一　概述

近些年来，非法木材采伐及相关贸易使木材生产国的社区及国家发展受限，生态环境受损，削减了全球应对气候变化的努力，同时滋生了大量的腐

---

* 易懿敏，非营利组织"全球见证"中国项目顾问，"自然之友"终身会员，致力于研究经济增长给发展中国家带来的社会与环境影响，以及自然资源的治理模式。

败及违法犯罪行为，在某些情况下甚至助燃了地区冲突的发生。非法采伐及非法木材贸易的问题也因此受到各方重视。除了木材生产国不断努力提高自身森林治理及施政能力外，消费国也在采取积极行动打击非法采伐及贸易。美国、欧盟、澳大利亚等林产品消费大国和地区都已出台禁止进口非法木材的相关法案，其中，于2010年通过的欧盟木材法案在2013年开始实施，对出口欧盟的部分中国木材贸易及加工行业提出了更高的合法性要求。

中国作为全球第一大林产品进口国，也在探索如何采取更负责任的行动，国家林业局正在拟定的《中国企业境外可持续林产品贸易与投资指南》就是其中的一个尝试。然而，该指南的适用范围仅限于境外经营的中国企业，虽然能帮助中国的企业改善其境外运作，却未能真正应对大量非法木材通过贸易途径进入中国的问题。中国可以在应对非法采伐木材及相关贸易问题上做出更大贡献，其中具有重要意义的一条就是通过立法手段来明令禁止非法木材进入中国。

二　应对非法采伐及贸易的重要性

森林资源关系着全球的可持续发展，对于资源所在国来说更是如此。大量贫困人口依赖森林资源，森林治理与木材贸易体系是否健康深深影响着一个国家乃至全球治理与供应链的模式，森林资源保护了生物多样性，也有效应对了气候变化给全球带来的挑战……然而，非法采伐及贸易给森林资源的可持续治理带来了前所未有的挑战。世界上一些最有价值的森林被毁灭性地破坏了，产生了严重的环境、经济和社会影响。根据澳大利亚政府估算，非法采伐及非法木材贸易每年给全球带来460亿美元的经济损失，而社会及环境损失更高达605亿美元/年。① 非法采伐及贸易给社区、国家、国际层面带来的重大影响具体包括以下几方面。

---

① 参看澳大利亚国会发布的 *Illegal Logging Prohibition Bill 2012*：*Revised Explanatory Memorandum*（《2012年禁止非法木材采伐法案：修订后的解释性备忘录》），章节2.2。

（一）影响以森林资源为生计的社区

根据世界银行数据，16 亿人不同程度地依赖于森林及其环境而生存。① 其中大约 6000 万原住民的生存几乎完全依赖于森林而居住在茂密的森林里或森林附近区域，生存和收入都高度依赖森林的人口数量约为 3.5 亿。② 在某些情况下，虽然非法采伐会给社区中的小部分人在短期内带来一定的经济收入，但是一旦森林遭到非法采伐的破坏，林业的长期发展便因此受限，社区中大多数人的原有生计将受到威胁，导致他们陷入粮食供给无法得到保障、极度贫困的处境，而且原来社区中的文化也将由于环境的变迁而受到毁灭性的破坏。

（二）威胁国家安全及地区的稳定

非法采伐与严重腐败往往互为因果，其中大部分实际上是"白领犯罪"，他们从高级政府官员那里获得其签字的便于开展非法采伐的文件③，对木材生产国的治理能力和执法能力具有非常大的腐蚀性。

当一个国家的主要经济产业由非法犯罪团伙控制，而且被腐败现象充斥时，该国的经济稳定及长远发展将受到极大限制。非法木材采伐及贸易正是这方面的典型例子，这是一笔价值数百亿美元的生意④，滋生

---

① 世界银行：*Sustaining Forest-A Development Strategy*（《可持续森林——发展战略》），2004 年，第 16 页，http：//www. wds. worldbank. org/external/default/WDSContentServer/WDSP/IB/2004/07/28/000009486_ 20040728090355/Rendered/PDF/297040v. 1. pdf。

② 世界银行：*Sustaining Forest-A Development Strategy*（《可持续森林——发展战略》），2004 年，第 16 页，http：//www. wds. worldbank. org/external/default/WDSContentServer/WDSP/IB/2004/07/28/000009486_ 20040728090355/Rendered/PDF/297040v. 1. pdf。

③ 持有官方文件的非法采伐行为在诸多木材生产国存在，具体案例包括：利比里亚，参看"全球见证"报告《阴影下的采伐：既得利益集团如何滥用影子许可回避林业部门的改革》，2013 年 4 月；马来西亚，参看"全球见证"报告《监管缺位的行业：多家公司在马来西亚残余的雨林中进行非法的破坏性砍伐，日企与之贸易往来密切》，2013 年 9 月；柬埔寨，参看"全球见证"报告《柬埔寨的家族树木》，2007 年 6 月。

④ Nellemann, C. 国际刑警组织环境犯罪项目：《绿色碳，黑色贸易——非法采伐、税务欺诈、洗钱与热带雨林：快速反应评估》，2012，第 6 页。国际刑警组织分析全球非法采伐所得经济总价值为 300 亿 ~1000 亿美元。

了全球的腐败和犯罪，尤以亚太地区最为严重。据联合国数据，国际上大约70%涉及非法木材的贸易都起源于这个地区①，而且，非法木材的贸易是该地区犯罪集团的第二大资金来源②。随着有组织犯罪活动的增加，国际刑警组织也注意到了相关的犯罪，如谋杀、暴力和对本土森林居民的暴行。③2014年11月"全球见证"的报告也指出，在秘鲁，遇害的环保人士数目在增加，其中包括反对非法采伐的土著社区头领。④

另外，非法采伐的木材也为许多民兵和其他非国家武装组织提供了支持。与矿产冲突相似，这些组织通过开发利用自然资源（比如矿产和木材）来筹集资金，升级冲突，这样的关联在很多形势不稳定地区都可以找到。在刚果民主共和国，采伐木材、生产木炭或对木炭征税等收入被用于为该国与其邻国的冲突提供资金；在利比里亚，前总统查尔斯·泰勒把木材当作为利比里亚内战各个阶段提供资金的关键资源；在亚洲，木材资源收入资助了柬埔寨的红色高棉，并在缅甸的冲突中发挥了作用。⑤从这个意义上来说，只有拒绝非法木材才能釜底抽薪式地抑制相关冲突的增长。

---

① 联合国毒品和犯罪问题办事处（UNODC）：《东亚及太平洋跨国有组织犯罪：威胁分析》，2013年4月，第96页，http：//www. unodc. org/documents/data－and－analysis/Studies/TOCTA＿EAP＿web. pdf。

② 联合国毒品和犯罪问题办事处（UNODC）：《东亚太地区跨国有组织犯罪活动每年产生900亿美元》，2013年4月16日，https：//www. unodc. org/documents/southeastasiaandpacific//2013/04/tocta/Press＿release＿UNODC＿Transnational＿Organized＿Crime＿EAP＿16＿April＿2013. pdf；联合国毒品和犯罪问题办事处（UNODC）：《东亚及太平洋跨国有组织犯罪：威胁分析》，2013年4月，http：//www. unodc. org/documents/data－and－analysis/Studies/TOCTA＿EAP＿web. pdf。

③ 联合国环境署：《有组织的犯罪贸易导致90%的热带森林遭到砍伐 损失达300亿美元》，2012年9月27日，http：//www. unep. org/Documents. Multilingual/Default. asp? DocumentID＝2694&ArticleID＝9286&l＝zh。

④ 全球见证：《秘鲁的致命环境》，2014年11月，http：//www. globalwitness. org/perudeadlyenvironment/。

⑤ 联合国环境署、国际刑警组织：《环境犯罪危机》，2014。关于利比里亚案例的详细情况，请参看"全球见证"2005年6月递交联合国安理会的报告：《木材、泰勒、士兵、间谍：利比里亚不受控制的资源开发，查尔斯·泰勒的操纵及重新招募前战斗人员正在威胁地区和平》，https：//globalwitness. org/sites/default/files/import/TimberTaylorSoldierSpy. pdf。

（三）削弱应对气候变化的努力

天然林在应对气候变化中发挥着至关重要的作用。世界森林吸收的碳排放量相当于化石燃料产生的碳排放总量的一半左右，仅热带原始森林每年从大气中吸收的碳排放量就超过 10 亿吨。[①] 然而，根据早前的研究估计，毁林所造成的二氧化碳排放量占到了全球人为排放总量中的 20%[②]。联合国环境署和国际刑警组织 2012 年联合发布的一份报告指出：减少毁林，尤其是非法采伐，是减少全球温室气体排放最快、最有效和最无争议的方法。[③]

（四）对生物多样性造成损害

毁林行为除了会导致温室气体排放的大幅增加外，还会威胁到生物多样性。特别是在热带地区，森林中的物种占全球生物的近一半。[④] 如在马来西亚，有关部门监管不严、执法不力给采伐企业系统性地违反砂拉越林业法规提供了可乘之机，其森林采伐速度是可持续经营采伐率的两倍甚至三倍以上。[⑤] 据估计，砂拉越只有 5% 的原始森林未遭破坏[⑥]，这与砂拉越政府宣称的该地区森林覆盖率达 84% 的说法形成强烈反差[⑦]。而该地区是具有重

---

① Pan，Yetal，"A Large and Persistent Carbon Sink in the World's Forests"（《世界森林资源中的庞大而持久的碳汇》），《科学杂志》2011 年。

② 英国皇家国际事务研究所（Chatham House）：《非法采伐及相关贸易：全球反应指标》，2010，http：//www.chathamhouse. org/sites/files/chathamhouse/public/Research/Energy，20% Environment 20% and20% Development/0710bp_ illegallogging. pdf。

③ 联合国环境署、国际刑警组织：《绿色碳，黑色贸易——非法采伐、税务欺诈、洗钱与热带雨林：快速反应评估》，2012，第 13 页。

④ 例如，参见 Lindsey，R.，Tropical Deforestation，NASA，2007 年 3 月 30 日，http：//earthobservatory. nasa. gov/Features/Deforestation/。

⑤ 全球见证：《监管缺位的行业：多家公司在马来西亚残余的雨林中进行非法的破坏性砍伐，日企与之贸易往来密切》，2013 年 9 月。

⑥ 全球见证：《监管缺位的行业：多家公司在马来西亚残余的雨林中进行非法的破坏性砍伐，日企与之贸易往来密切》，2013 年 9 月。

⑦ 砂拉越首席部长：《砂拉越林业》，http：//chiefministertaib. sarawak. gov. my/en/perspectives/the－environment。

要意义的生物多样性林区，栖息着包括猩猩、大象、犀牛等濒危动物在内的物种。① 在过去一两年中，陆续发布的报告还指出，湄公河地区的大红酸枝②、俄罗斯的西伯利亚虎和阿穆尔虎③、缅甸的金丝猴④等物种都因非法采伐而不同程度地受到失去栖息地的威胁。

三　中国与全球木材贸易紧密相关

随着木材消费需求的增长，中国在全球木材贸易中扮演着重要角色。这带来了一个责任：确保这种贸易合法，而不是非法的。中国应采取积极行动应对非法采伐及相关贸易，其原因包括但不止于下面所提到的，比如增强与木材生产国之间的友好关系，展示中国在参与反腐及应对气候变化问题等国际议题时的领导作用，等等。

（一）中国是世界上最大的林产品进口国，林产品中涉及大量非法木材

中国目前是世界上最大的木材及林产品进口国⑤，以热带木材为例，中国进口了世界上60%的热带原木，以及1/3的热带木材产品⑥。由于缺乏有效法律手段的制约，中国吸引了大量非法木材的进口。据研究，在目前中国的原木材料供应中，超过一半源自非法采伐和森林治理薄弱的高风险国

---

① 世界自然基金会：《婆罗洲野生动植物》，http：//wwf. panda. org/what_ we_ do/where_ we _ work/borneo_ forests/borneo_ animals/。
② 环境调查署：《灭绝之路：正在毁灭湄公河地区大红酸枝的腐败和暴力》，2014 年 5 月。
③ 环境调查署：《盘点森林：实木地板，集团犯罪和世界上最后的西伯利亚虎》，2013。
④ 野生动植物保护国际（FFI）网站消息，《世界上第一个被拍到的缅甸金丝猴视频》，2014 年 3 月，http：//www. fauna - flora. org/news/first - video - footage - of - myanmar - snub - nosed - monkey - captured/。
⑤ 环境调查署：《毁灭的欲望——中国的非法木材贸易》，2012，第 4 页。
⑥ "全球见证"基于热带木材生产国、联合国商品贸易统计数据库，以及中国进口数据进行的估算。热带木材产品包括原木、锯材、单板、胶合板和造型板。

家。① 据保守估算，2011 年中国进口了至少 1850 万立方米、价值 37 亿美元的非法原木和锯材，占 2011 年中国木制品进口总量的 10%。② 实际的总体数量要比这些数据大得多，因为这些数据的分析只包括了中国原木和锯材进口情况，仅占中国木制品进口总量的 45%。③

2015 年 2 月"全球见证"最新发布的报告指出，中国的红木家具热潮催生了价值数百万美元的柬埔寨木材走私活动。④ 该报告揭露了柬埔寨大亨奥克汗·特里·皮耶（Okhna Try Pheap，音译）的非法木材采伐网络与政府和执法机构人员沆瀣一气，违规采伐大红酸枝等珍贵木材，大面积的砍伐行为加快了树木种类的灭绝，并同时迫使原住民及森林社区远离其生计所依的资源。数据表明，柬埔寨 85% 的木材出口至中国，其中红木出口量在 2013～2014 年间增长了 150%。

中国也是重要的林产品出口国，其主要林产品出口地包括美国、欧盟及日本。⑤ 然而，虽然木材加工后再出口的数量很大，但国内消费仍占最大份额。根据中国国家林业局数据，在中国 2013 年木材产品市场总消费中，出口量仅占 17.56%，其余均属国内消费。⑥ 鉴于目前的国际经济形势和国内市场的快速发展，中国国内对林产品的消费仍会持续升温。考虑到中国在进口及国内消费上的巨大市场，中国在木材贸易上的影响举足轻重，而这能否将木材贸易引至可持续发展的方向，则取决于中国政府及消费者的选择。

美国及欧盟也是全球林产品主要终端消费地——其中很多林产品由中国加工后出口。为应对非法采伐及贸易问题，美国及欧盟已经采取了一些积极措施以禁止非法采伐木材的交易，并取得一定成效。然而，在国际木材贸易链管理中，如果缺少中国这一主要进口方、加工方及消费方的参与，国际上木材生产国和其他消费国应对非法采伐及贸易的努力所发挥的作用将是有限的。

① 环境调查署：《毁灭的欲望——中国的非法木材贸易》，2012，第 5 页。
② 环境调查署：《毁灭的欲望——中国的非法木材贸易》，2012，第 7 页。
③ 环境调查署：《毁灭的欲望——中国的非法木材贸易》，2012，第 7 页。
④ 全球见证：《奢侈的代价》，http://www.globalwitness.org/costofluxury/。
⑤ 环境调查署：《毁灭的欲望——中国的非法木材贸易》，2012，第 5 页。
⑥ 国家林业局：《2014 中国林业发展报告》，中国林业出版社，2014，第 136 页。

（二）对木材生产国相关法律的认可与尊重

一直以来中国都对他国法律表示高度的认可与尊重。已经发布的与海外投资及贸易相关的多项政策①明确指出中国企业的境外投资与贸易应遵守投资所在国（地区）的法律法规这一原则。因此，中国的国际木材贸易政策也应融入此原则，拒绝违反此原则的木材进入中国。通过这一做法，中国可以实现其帮助木材生产国维护法律并保护自然资源的承诺，有助于加强中国与木材生产国之间的关系。

（三）在反腐、应对气候变化等国际行动中发挥领导作用

2014 年以来，中国参与国际反腐行动的意愿及动力越来越强。2014 年11 月 8 日，APEC 第二十六届部长级会议通过《北京反腐败宣言》，这是第一个由中国主导起草的国际反腐败宣言。11 月 16 日，二十国集团（G20）第九次峰会批准通过了 2015～2016 年反腐败行动计划，这被视为国际反腐合作的一个里程碑，而中国是二十国集团的成员国之一。值得注意的是，这一《2015～2016 年二十国集团反腐败行动计划》明确指出基础林业是腐败的高风险领域，二十国集团应在 2015～2016 年予以特别关注，并与其他国家共同努力减少基础林业中的腐败，以确保森林资源的可持续性供应。② 在这样的背景下，中国若能顺势而为，选择林业作为其参与国际反腐行动的一个切入点，对内通过立法禁止非法木材的进口以支持木材生产国打击其国内森林行业相关腐败的努力，对外帮助木材生产国政府提高政府治理及执法能力，将是展现中国参与国际反腐决心、展示中国参与国际事务软实力、彰显负责任大国形象的多赢选择。

---

① 例如，《中央企业境外投资监督管理暂行办法》第五条 "遵守投资所在国（地区）法律和政策"；《对外投资合作环境保护指南》第五条 "企业应当了解并遵守东道国与环境保护相关的法律法规的规定"；《绿色信贷指引》第二十一条 "确保项目发起人遵守项目所在国家或地区有关环保、土地、健康、安全等相关法律法规"；等等。

② 二十国集团反腐工作组：《2015～2016 年二十国集团反腐败行动计划》，http://www.g20australia. org/official_ resources/2015_ 16_ g20_ anti_ corruption_ implementation_ plan。

在应对气候变化上，中国也一直发挥着带头作用。在 2014 年的 APEC 会议期间，作为世界第一和第二大温室气体排放国，中美两国发表《中美气候变化联合声明》，明确了各自在 2020 年后应对气候变化的行动目标。在 2014 年的 G20 峰会上，中国、美国与其他大国将气候变化提上峰会议程，直面气候问题，并做出共同应对的承诺。从这些努力中可以看出，中国在以积极的态度和坚定的决心来应对气候变化问题。正如前文所述，非法木材采伐及贸易削减了国际社会应对气候变化的努力，反过来说，打击非法木材采伐及其贸易即表示在应对气候变化上做出了积极贡献。而在打击非法木材采伐及其贸易方面，中国的确大有可为。

四 国际及国内做出的努力

自 1998 年八国集团（G8）首脑会议首次将非法采伐作为一个重要的国际性问题提出后，非法采伐及相关贸易问题日益受到各方重视。包括中国在内的木材生产国和消费国都采取了相应的举措来应对这个问题。

（一）国际层面

木材生产国对其国内非法采伐行为采取的整治行动非常重要。与此同时，世界上的木材主要进口国和消费国也在采取行动应对这一问题。一方面，一些进口国和消费国通过提供能力培训及资金支持来帮助木材生产国改进其森林治理与林业执法能力，如 2003 年开始启动的欧盟"森林执法、施政与贸易"行动计划及其衍生的欧盟与伙伴国家间的自愿双边协议（FLEGT-VPA）；另一方面，这些国家和地区采取措施确保其采购和投资行为不会无意中助长这一严重问题，这些措施包括制定本国或本地区法规，明令禁止非法木材的进口及贸易。其中，美国《雷斯法案修正案》于 2008 年 5 月生效，规定凡是进口、出口、运载、出售、收取、征收或购买任何违反美国、美国州属或相关外国法律的植物都属违法；《欧盟木材法规》于 2010 年 12 月生效并于 2013 年 3 月正式实施，禁止在欧盟市场中销售非法采伐的木材及其制成的林产品及以此类木材加工的产品；澳大利亚《2012 年禁止非法木材采伐法案》则主张禁止进口或加工非法采伐的木材。

（二）国内尝试

中国已经采取行动来应对非法采伐及相关贸易问题，其中包括国家林业局和商务部 2007 年共同发布的《中国企业境外可持续森林培育指南》，2009 年发布的《中国企业境外森林可持续经营利用指南》，以及正在拟定过程中的《中国企业境外可持续林产品贸易与投资指南》。仍在草案阶段的第三个指南的主要着眼点之一是"贸易"，在一定程度上可视作中国政府希望采取措施应对非法采伐及相关贸易的难得表态，而且该指南的起草及咨询过程在公开透明及咨询不同利益相关方意见等方面较过去都有了更开放的态度。

指南不具有法律约束力，是自愿执行的。从之前已经发布的两份指南来看，虽然获得了赞誉，但在执行层面对中国企业的约束相当有限，没能在改变企业行为方面发挥明显作用。不过，由于目前中国国内法规及标准尚缺少对非法木材贸易方面的规定，新指南若能对此提供有益补充，将为进一步的工作打下良好的基础。然而就目前公开的草案而言，《中国企业境外可持续林产品贸易与投资指南》在某些条款的制定上似乎没能针对主要矛盾提出真正的解决方案。其中最关键的一点在于，虽然该指南要求中国企业"不购买非法来源的木材及其制品"，然而其适用对象却仅限于"在境外从事林产品贸易和投资等相关活动的中国企业"。这样的适用范围与前两份指南的规定类似，都没有包括进口或加工国外木材的中国境内企业——实际上，在应对非法采伐及其相关贸易问题上，最主要的矛盾不在于中国境外企业采购了多少非法木材，而在于中国在源源不断地吸收来自全世界的非法木材。因此，若能做出如下调整，这新一版指南将更有可能带来积极的影响，可以将指南适用范围调整为："适用于在境外从事林产品贸易和投资等相关活动的中国企业，以及所购林木制品产自境外的中国企业"，并明确要求"所有中国企业须确保不购买非法木材及其制品，同时进行严格的尽职调查，以确保

其供应链中不含非法林产品"。①

除了发布指南外，中国政府还与一些木材生产国缔结了双边协议，包括 2002 年与印尼缔结的《谅解备忘录》（MOU），2006 年与缅甸签署的《谅解备忘录》②，以及目前正在探讨的与巴布亚新几内亚的双边互认机制，等等。这些双边合作的开展，说明中国已经认识到非法采伐及相关贸易在某些国家的真实存在并有与生产国携手合作的意愿。然而非法采伐及相关贸易是全球性的严重且紧急的问题，应对此问题需要中国在世界上发挥引领作用，出台针对全球范围的强制性的应对政策。

五　建议

综上所述，应对非法采伐及相关贸易问题不仅对全球而言极其重要，对中国而言也是多赢的选择：增强中国与木材生产国的良好关系，改善国际声誉，树立负责任大国形象；降低亚太地区的环境犯罪率；显示在反腐及应对气候变化等国际合作中的积极作为；等等。

中国已经在这个议题上做了一些有益的尝试，然而这些行动所涵盖的范围及所能发挥的效力都还比较有限。作为一个在木材贸易上举足轻重的大国，中国需要针对非法采伐及相关贸易的根本性问题——切断来源非法的木材的流通之道——采取积极的行动。由于非法木材采伐及其贸易是全球性的严重问题，这些行动应该针对全球范围，并且应具有法律强制效力。

中国下一步可以开展的工作有很多，包括推动林业部门及其之外的其他相关部门，比如商务部、海关部门等参与到打击非法木材贸易的政策探讨与联合行动中来；推进从事全球木材贸易的中国企业的木材供应链信息披露；开放更多公民社会的监督空间；等等。其中，最为重要的行动之一，则是推

---

① 《就即将出台的〈中国境外林产品贸易与投资指南〉致国家林业局的建议》，全球见证网站，2014 年 1 月，http：//www.globalwitness.org/library/submission - chinese - state - forest - administration - regarding - forthcoming - timber - trade - and。

② 环境调查署：《毁灭的欲望——中国的非法木材贸易》，2012，第 3 页。

动相关法律的建立，保证中国的贸易及投资活动不会无意中助长非法采伐及相关贸易的增长。此法案应该包括两个方面的核心内容：一是明确表述中国拒绝进口非法采伐的木材；二是要求中国企业对其木制品供应链进行严格的尽职调查，以确保其供应链中不含非法林产品，并公开发布尽职调查信息。

如前文所述，国际上已经有了不少立法禁止非法木材进口的相关经验，中国可以在学习前行者经验的基础上，制定出符合中国国情的法律。在法律条文中明确表述中国拒绝非法木材，一方面，表明中国打击非法木材贸易的坚定决心，为中国赢得更多国际的肯定和支持；另一方面，更重要的是，为相关执法部门提供行动的基石，例如，海关部门将有权力拒绝非法木材的进口。

在法律中设立要求中国企业开展木材供应链尽职调查的条款，方能把执法压力分散并前移，让中国企业在参与国际木材贸易时，得以通过尽职调查制度的设立及执行来保证其从事的是负责任的木材贸易。木材供应链尽职调查是指在境外投资或采购木材的企业主动建立木材供应链和投资信息采集系统，开展风险评估，并就识别的风险采取相应措施的过程，包括公开披露尽职调查过程及结果。企业尽职调查的概念在全球商务中由来已久。例如，国际金融和反洗钱标准规定，银行业金融机构应就客户的身份展开尽职调查，从而确保其资金不是来自违法犯罪活动；企业从冲突高风险地区购买矿产时应对该矿产供应链展开尽职调查；等等。国际上也有不少关于如何开展木材供应链尽职调查方面的经验。

制定非法木材进口的相关法律，是国际大势所趋，更是中国作为世界最大林产品进口国对严重的非法采伐现象的积极回应，将为中国带来多赢的局面，希望中国政府将其尽早纳入议事议程中。

G.15

中巴互动：巨量投资背后存在
环境压力和人文挑战

周　雷　佩特拉斯－赞帕诺*

摘　要：　本文基于现场调查、访谈和资料研究，分析中国投资农业、
　　　　　基础设施及能源类项目已经和可能面临的困难和挑战，及其
　　　　　背后的族群政治、生态保护、国际组织、精英知识生产、媒
　　　　　介传播等方面的原因，梳理近几年中国与巴西的经济互动，
　　　　　以及巴西政府与民间社会的整体回应。

关键词：　中国　巴西　海外投资　环境影响　土著挑战　企业外交

　　因为独立智库自然力研究院"中国海外投资环境影响与文化适应"项
目的缘故，笔者自 2012 年起，与巴西利亚大学、金砖五国智库的同事锁定
几个土著资源密集区域进行合作研究，针对巴西政府、智库、国会、非政府
组织、中国企业、中国驻巴西政府代表等方面进行访谈，其他巴西同事则在
土著区域进行走访和调查，试图了解中国海外投资的环境压力和人文挑战。
2013 年 6 月，笔者在巴西圣保罗、巴西利亚、莫托格罗索等地区访问和采
访了两周，主要研究海外投资如何对巴西的生态敏感地带产生影响，特别是

---

* 周雷，人类学博士、自然力研究院独立智库创立人，本文研究设计、现场调查、撰写为周雷
完成；佩特拉斯－赞帕诺（Petras Shelton Zumpano），战略咨询师、联合国人居署驻里约项目
研究员，厦门大学博士生，他为巴西的两次现场调研联系当地各类组织机构和政府部门，同
时对巴西本地媒体和学者观点进行资料整理和研究。

当地人如何面对来自外部的生态风险。2014 年，合作人赞帕诺继续在里约热内卢、圣保罗等地进行考察，针对习近平主席访问之后的媒体反应、政界和民间决策反馈进行调查和访问。

2013 年现场调查时，笔者从巴西利亚驱车前往莫托格罗索州，司机是当地土著夏湾提人，在巴西利亚的政府部门工作，他提到夏湾提人这个称呼其实是葡萄牙殖民者给取的，当地人自称 A'uwe Uptabi 人，意思是"真正的人"。因为殖民者的压迫，A'uwe Uptabi 人四处流徙，遍布巴西利亚等地，这些区域有中国人投资的大豆种植园，而在毗邻的巴伊亚（Bahia）地区，有更大规模的中国农业投资。就在调研结束之时，夏湾提向导来信告知他将加入当地的社会主义政党，开始参加当地的政治竞选，争取能成为巴西土著政治和权益的决策人。2014 年全年，他的 Facebook 账号上经常出现他在各个选区和群体里演讲的照片，笔者也通过这种方式看到从巴西丛林、土著社区、农业产区到巴西利亚首都的政治选举运动和最新进展。

这一观察的过程，也在某种程度上呈现中国投资巴西的文化背景，即在日益全球化、政治多元化、利益分化、社会分化的巴西，任何外来的投资都不再是面对一个静态、固定区域和相对封闭的投资处女地，而是一个动态的国际场域。虽然中国在巴西的投资呈现巨量增长[①]，但学会在这种新的投资场景中说话、做事、思考是中国资本走出去并获得成功的关键，在这个意义上，中国的投资者在某种程度上成了"企业外交家"。2014 年 7 月，习近平主席在金砖五国峰会上，提出宏大的战略设计，计划修建连接太平洋和大西洋的两洋铁路。根据巴西联邦政府公报，同年 10 月，中国企业中铁二院工程集团参与竞标的两段铁路，分别是连接萨佩扎尔市（Sapezal）

---

① 根据巴西外贸局（SECEX）公布的数据，2014 年 1 月至 8 月，巴西向中国出口的总货值达 317 亿美元，其中大豆、肉类、铁矿和石油占出口总额的 83.7%。2014 年上半年，中国进口的大豆中 89% 都来自巴西，而 2013 年中国进口巴西大豆只占全部进口量的 50%。2012 年，巴西一半的铁矿石和大豆，以及 1/4 的原油出口到中国，2013 年前三季度大豆的出口又增长了 40%，2013 ~ 2014 年的中国大豆产量有望达到 1200 万 ~ 1250 万吨。早在 2009 年，中国已经替代美国，成为巴西最主要的国别贸易伙伴，2013 年前三季度，巴西出口中国的贸易数量超过了对整个欧盟的总量。

和波多韦柳市（Porto Velho）的 EF-354 铁路，以及连接莫托格罗索（Moto Grosso）州的西诺普市（Sinop）和巴雅（Bahia）州巴拉伊泰图巴市（Itaituba）的 EF-170 铁路，这些铁路最终将用来连接大西洋和太平洋，组成横跨南美洲的物流网络。这类超级工程和巨量投资将主要影响本土政治利益格局。

一 中国-巴西-拉美：巨量投资背后的生态隐忧

在第六届金砖五国峰会上，五国已经决定联合成立储备金为 1000 亿美元的发展银行，在之后的拉美及加勒比国家联合体会议上，中国宣布将在巴西利亚地区追加投资 350 亿美元，其中 200 亿美元将投入基础设施建设领域。从一开始，中国与巴西以及众多其他拉美国家之间的联合就是一个"瞌睡碰到枕头"的事，问题是这个好梦如何才能长久？

2014 年 11 月，中国与秘鲁签署开建两洋铁路协定，设计用途之一是在太平洋和大西洋之间实施贸易运输，距离达 5300 公里，直接绕过巴拿马运河。此举虽然将极大改变这一区域的国际贸易和全球政治地理格局，但同时也存在严重的环境压力和社会风险，项目的施工势必影响大面积的热带雨林和生物多样性区域。由于这项超级项目有 2900 千米在巴西境内，中方将至少在巴西投入 100 亿美元，而巴西方面只需投入 23 亿美元用于 880 千米铁路的修建。与此同时，中国已经提议修建耗资 500 亿美元、171 英里长的尼加拉瓜运河，中国和拉美经济的融合不断加深，中巴互动在某种程度上受整个中国拉美经济融合整体模式的影响。2010～2013 年，中国在拉美国家的投资不断提速，已经在秘鲁投资至少 60 亿美元用于当地的基础设施建设，拉美及加勒比国家共同体经济委员会于 2014 年 10 月公布了一项报告，提出如果想在 2012～2020 年保持经济发展的需求，拉美国家至少要将 GDP 的 6.2% 全部投入基础设施建设，总额约为 3200 亿美元。目前包括在巴西境内的拉美基础设施建设主要为中国提供各种矿石、能源、农产品等大宗物资，秘鲁主要是黄金、铜矿石、锡矿、石油，巴西则主要是大豆和铁矿石。此外，中国购买了智利 40% 的铜矿，在委内瑞拉提供 500 亿美元的贷款，用于获取当地的石油。中国在拉美的投资和资源获取方式引发了一种新型的经济发展模式，被哈佛大学的发展专家丹尼·洛迪克（Dani Rodrik）称为"早熟的去工业化"①。

虽然巴西政府预计一旦两洋铁路建成将使得巴西运往中国的物资每吨节省 30 美元，但是这一计算中并不包含因基础设施建设带来的自然环境生境退化、生物多样性消失、本地经济转型而引发的生态和人文后果等要素。在两洋铁路的建设过程中，2575 千米的铁路将横穿圣保罗到利马之间的热带雨林区域和安第斯山生态区，将极大地影响沿线的雨林分布，造成生境破碎化、土壤退化、部分生物物种灭绝、破坏土著社区的传统生计。由于许多设计直接指向矿业开发，南美国家的贩毒集团、叛乱、本土族群政治将进一步激发本地人非法盗采矿石和资源的狂潮，使得拉美的环境、社会、经济、政治产生令人难以估计的乱象。在 20 世纪 70 年代，巴西建造穿越亚马逊的公路，这项设计长度为 4000 公里的雨林公路给原始的热带雨林带来无法挽回的生态损失，据专门统计热带雨林森林覆盖和环境影响的数据库 Mongabay 估计，在南美国家每年因为各种建设项目使得大约 200 万公顷的森林消失，安第斯山山麓的许多小国往往是雨林密集分布的区域。②

中国一开始投资巴西以及众多其他南美国家时，并没有在历史人文、族群政治、生态环境、生态型社会的工业化、传统东方式文明的现代化等方面精雕细刻、长期布局，而是在西方式的"初级产业化"、污染输出、能源代理模式下，将自己的发展建立在一个不可持续模式之下，只不过部分国内"可持续"是建立在海外的不可持续之上，这种"相对发展和局部进化"没有从根本上解决发展问题。要打破这一困境，首先就要从理解海外的治理情境出发，在生态困境、土地政策、政治族群、文化症候、人文因素等环节上

① Eduardo Porter. "Slowdown in China Bruises Economy in Latin America," *New York Times*, Dec. 16, 2014.
② Kamilia Lahrichi. "China's Asphalt Footprint Threatens Amazon Biodiversity," *Asia Sentinel*, Feb. 4, 2015.

看到一个更为复杂的投资软因素，即非经济因素，并着手在项目设计的层面上综合考虑。

二 中国投资巴西背后的政治人文因素和资源陷阱

本项目合作人赞帕诺于 2014 年 8 月针对中国国家主席习近平出席金砖峰会后巴西知识分子的反应进行了研究，其中拉美研究知名专家阿德里安-赫思（Adrian Hearn）的观点颇为典型，Hearn 提到中巴之间的复杂依赖模式还存在严重的结构问题，将不断带来中巴互动的阻力。2000 年前后，随着国力的增长，巴西处处表达自己积极加入国际事务并承担重要角色的愿望和执政总基调，包括贸易、国际金融、气候变化、核武器扩散等多个领域，而中国仍保持相对中立和保守的立场、低调稳健处理国际社会"中国威胁"的判断，将自己定位在"崛起中"，即处于发达国家和发展中国家之间的地位。长期以来，中巴之间事实上形成了某种意义上的"殊途异趣"：巴西把中国当作一种战略多边关系来处理，而中国将巴西更多地理解为一种重要双边关系。这在事实上造成了不同程度上的"一头热"，在中巴之间的经济和贸易互动中，中国一直扮演主动和驱动力的角色，而巴西是一种被动回应的姿态，有时还表现出某种犹疑、滞后。这种单边和单面向的中巴战略伙伴关系造成了多个层面的问题，包括制度合作、社会层面、商贸关系、投资互动、军事合作、外交协作等多方面。

在现场调查中，上述政治背景对于一线的中国投资会产生直接的影响，重庆粮食集团在 Bahia 州的 20 亿美元投资就是明证。2014 年底，中国在当地的种植园投资主要还是一片空地，原定计划中，中国将在当地种植大豆并深加工，并将基础设施建设、仓储等附属设施建设同步进行。但目前，当地只为厂址开垦了 100 公顷的土地，其他方面进展缓慢。Bahia 州方面认为，中国的投资需要市政审批，过程中要满足烦琐的环保要求，这些因素都造成投资的经费迟迟不能到账。而中国投资面对的是巴西的官僚腐败、低效率、经济放缓等因素，以及中巴在政治互信方面的深刻隔阂。事实上，巴西当地已经对中国大规模购置实体资产、矿产和土地的方式相当防范。就在 2013 年笔者走访巴西国会议员时，他们已经提及不少有关外国人购置土地的限制规定，主要是针对中国人的。

土著、当地政府和外来投资者在看待资源、土地、生计等问题的意义和内涵上各不相同。土著认为，所有的财富在于土地、文化、传统、精神信仰、艺术、语言这一整体，它们共同构成一种世界观。许多土著人群和组织领导人都将外来人称作"入侵者"。巴勒斯坦诗人马哈玛德·达维希（Mahmud Darwish）的一句话时常被巴西的土著权益组织所征引，也看得出当地矛盾的剑拔弩张："坚持抵抗，保持警惕，准备战斗！"对政府而言，土著的权益和抵抗是政府在 1988 年宪法中的承诺，也是长期以来没有完全兑现的承诺。宪法虽有对土著领土的描述，以及对其权益的确认，但是在现实的政治游戏中，土著的领土标示、确认、立法、施行却步履维艰。一旦有巨额外资的诱惑，政府经常在没有与利益关联者协商的情况下，就擅自发出开发执照给外来投资者，造成争议和矛盾。笔者两次调查圣保罗、巴西利亚等地时，都见证了当地频繁的少数族裔示威和居民反抗政府的游行，在某种程度上巴西通过媒体表达的媒介政治、街头政治、村落政治已经常态化。在中国资本看来，巴西蕴藏丰富的矿藏、物产、资源，无论它是否关涉当地人世代居住的栖息地、神迹频现的场所、生物栖息的诺亚方舟，都被简单当作一个项目来进行开发，而他们和本土人的关系时常被处理成经济补偿关系。此外，忽视这一区域漫长且复杂的殖民历史和后殖民文化架构也使得中国资本付出沉重代价。面对这些巨量投资和项目僵局，笔者调查的 Moto Grosso 土著村庄里的人对外地人都没有好印象，这种漠视和不信任，在巴西国际教育研究院院长恩约（Henyo）博士看来，是现有环境保护僵局的表征之一。巴西的宪法有专门的土著权益条款，当地也尝试搭建泛亚马逊河流域的生态保护网络，并试图明确土著人对自己所居住土地的管理权和环境治理权，但是这些网络和社区教育在强大的外来资本影响下经常消逝于无形。要想控制外国资本的环境影响，不能仅限于一时一地，否则国际资本和国内利益集团总是可以进行游击和收买，并通过不同的政策和优惠来瓦解民间的抵抗联

盟。阿德里亚娜（Adriana）是巴西富有影响力的社会环境研究院的执行秘书，她也提到很多具有灾难性生态影响的项目，其操作逻辑都是相同的：首先获得政府的执照，即中央政府和基层政府模糊的权力界限，使得很多项目不需要经过中央政府、地方政府、基层组织、民间机构、项目所在地民众的共同协商。接下来，许多国际组织都会转过来说服民众，讨论为什么这个项目是必要的、当地可以获得哪些收益、土著人必须学会适应现代社会而不是去讨论投资是否合法、这种投资和发展将如何减少生态影响。Adriana 认为，全球的经济危机使得环境保护运动越来越难，现在政府都把吸引投资和拉动经济看得很重，以往来自公众的环境压力也减弱了，这使得一些企业根本不在乎什么生态承诺，有时候根本不把签订的承诺书当作一回事。

基于调查和走访，笔者有理由相信南美泛亚马逊地带，未来潜在的生态危机都与资本的超大计划和城市化扩张密切相关。如果将全世界不同区域的环保力量视为相对独立的生命体，它的组织完备性、效率、远景与"资本动物"的完备、效率和野心是不可比拟的。当今世界，宏大的项目越来越多，出台越来越容易，而基于小区域的环保微雕和案例扩散越来越难，许多地球上最有生态价值的区域都因此变成"生态的孤岛"。更关键的实际操作细节在于，当政治互信有限，中国资本的咄咄逼人和超大体量投资如果没有去理解这些资源背后的生态属性、政治属性、族群属性和国际势力属性，就势必落进海外投资的资源陷阱。

三　巴西的资源政治：权力交织的巴西土著政策乱局

从 2001 年到 2014 年，中巴间的经济互动主要与大豆、石油、矿石等资源性产品有关，巴西一直想摆脱这种低端出口模式，试图在基础设施建设、飞机、高新技术领域对中国更多出口，而这些方面也是中国急于输出的资本。虽然中巴之间的投资经常出现重大项目悬而未决或中途叫停的情况，但中国相对上一个十年整体上保持了对巴西投资的巨量增长，这里面包含中海油、中石油对巴西近海石油的勘探，中国建设银行投资 7.26 亿美元收购巴西本土银行的 72% 股份，等等。虽然中国的投资领域和手段逐渐多元，但还是以获取资源为主。美国洲际对话智库主任玛格丽特（Margaret）认为，对中国政府在海外投资的整体印象是中国政府和国企驱动的资本试图整体垄断和攫取大宗资源，中国接连不断的国际购买造成了一定的本土恐慌，中国因此被迫采用其他的手段来获得更多的股份和期权，以减少成本或略去中间环节。

正是在这种背景之下，中国更需要对巴西的土著政策进行更多了解。巴西 1988 年宪法第二百三十一条专门针对印第安人而设，其中特别提到土著所居住的土地属于联邦政府，但是土著对地面上的财产拥有权利，政府在与所涉土著协商之后，可以同国会共同出台开发政策，进行水电或矿业开发等投资。① 2002 年，巴西对联合国国际劳工组织第 169 号公约的内容进行了修订，进一步对土著事务和本地协商进行了详细约定。目前巴西全国 13% 的国土涉及土著权益，而这些土地 97% 位于亚马逊区域，尤其是亚马逊北部。随着土著权利运动的开展，未来土著所涉土地有可能增加至国土面积的20%，但是这些区域人口分布稀少，一些土著权利团体甚至宣称瓜拉尼（Guarani）的印第安人即将创立一个独立国家。围绕土地所有权、土地利用的争斗在巴西非常激烈，其格局也相对复杂，不仅少数族裔团体希望获得更多的实际控制区域，政府也希望扩大自己能够直接掌控的区域，以进行各种商业开发和基础设施建设。

巴西现有的土地政策和土地权矛盾造成了管理和保护上的难题，巴西的农业开发使用了大量的化学制剂和杀虫剂，农牧业发展蚕食了大量土地，造成植被区域的减少。亚马逊丛林地带的隆多尼亚（Rondônia）为了发展农牧业，牛群已经发展到 1200 万头，导致大量森林被砍伐，一些为新能源提供原料的甘蔗种植也是亚马逊环境保护的大患。尽管如此，帕拉（Pará）州、福勒克萨·里贝罗（Flexa Ribeiro）州还在向国会呈交议案，希望能获准进

① 2013 年 6 月，笔者与巴西同事赞帕诺（Petras Shelton-Zumpano）对巴西国会下议院议员 Padre Ton 进行了一个多小时的访问，同行的还有土著妇女权益和夏湾提（Xavante）土著权益保护方面的代表，本文中许多有关巴西土著动态政策得益于议员的介绍，再次特别致谢。

行砍伐，为了能在亚马逊丛林过渡带发展甘蔗种植业。2013 年国家土著基金会向国会提交了新的土著所享土地地图，包括国家殖民和农业改革研究所在内的许多团体也提交了他们认为的所属地地图。在这些土地权争斗中，一些土著团体使用更为策略性的抵抗政策，例如蒙杜鲁库（Munduruku）人，他们选择在帕拉州 Belo Monte 水电站建设区域抵抗，以获得最大的外部支持。

四 愤怒的土地：不断积累的反抗
"初级产业化"情绪

2012 年 4 月，巴西 Bahia 发生无地农民运动，当地无地和失地的农民攻战市政府，同时强攻"无主"的大片土地，这一运动在当地被叫作"无地农民运动"。中国的重庆粮食集团的大豆种植和加工 16 亿美金的投资地就在这一区域。与土著权利、政府不良治理、外部资本、社会失序和分化等复杂原因有关的巴西抗议性政治，时常会借某个具体事件的导火索蔓延开来，其中有些抗议因涉及外来投资者，就会与中国"走出去战略"关联起来。因此，中国应对海外投资所面临的挑战核心问题是如何找到一个利益平衡和多元对话机制，避免海外巨额投资陷入"万家诉讼"的联合抵制。相比中国，巴西的土著在内部组织上更为精细，讨论的机构更为多元，其在表达利益诉求等方面更为直接。巴西的土著有 220 多种，说着 180 多种语言，虽然分布广泛但是有不少专业组织架构，例如亚马逊土著组织协调机构、土著组织安第斯协调机构、中美洲印第安事务、巴西土著权益表达组织、巴西土著研究院知识产权项目、族际记忆和本土科学委员会等。这些多元的土著权益和知识赋权组织不仅起到团结彼此、传递知识的作用，而且还能在重要的场合代表不同的族群和集体，向外来资本、本国政府和国际社会清晰表达自己的诉求，对各种环境、发展、文化保护争议等问题进行商讨并寻求路径解决。此外，巴西的土著最为重要的利益保护举措就是推动巴西各级政府对土著区的划分、勘界、确认，以最大限度地保护他们的族群利益。

这种围绕在土著、权益保护机构、政府官员、外商之间的利益划分、信息鸿沟和态度差异，在一定程度上决定了巴西在环境保护方面的多重困局。Adriana 除了研究环境外，也是可持续亚马逊论坛的负责人，她认为巴西的许多法律虽然在不断完善，但是在执行层面相当宽松，为各种事实上的违法和不合规留下各种可能。目前巴西政坛有多种不同的政治势力，在划分土著居住区的问题上存在较大分歧，原则上在这些被标示的土著区域的投资违法行为难度和成本将大大提高。于是，在巴西利亚的政府部门门口，一拨拨的土著群体来首都告"御状"，示威游行，而同时各类超大型的投资仍在持续进行，如 Belo Monte 水电站，加拿大投资的巴西最大的金矿，以及耗资57.5 亿人民币、占地 300 万亩的重庆粮食集团投资的大豆种植园项目，等等。

结论：中国投资需要理解海外民意和生态适应

中国针对巴西的农业投资剧增，在带来机会的同时，也客观存在若干潜在的负面影响。巴西的政策制定者在判定中国的身份时，仍然服从"国际惯例"，将其视为迅速崛起的大国和经济力量，将中国投资直接与国内矛盾、社会事务、环境保护等领域关联。这种认知对中国并不公平，将极大地影响中国在巴西等新兴市场的经济和政治前途。

总体来说，巴西人对中国的认知相较其他发达国家要正面许多，但是就2013 年皮尤中心的一则调查显示：在来自巴西不同地区的 960 个调查者中，近半数将中国视为伙伴，10% 视中国为敌人，51% 的受访者不喜欢中国的投资行为。而在国际投资和国际政治领域，口碑、可信度、声誉均可视为一种重要的权力，将极大地左右一国在国际领域的位置和利益。巴西的高校知识分子和媒体阶层较为关注中国和巴西经济互动中的"去工业化"以及"互动层级"等问题，他们担心中国的投资因过多出于保证本国经济增长、产业革新、外贸出口、生产资料等资源获取的考虑，而整体上损害巴西自身在全球经济一体化中的自主、独立、创新地位。此外，2012 年盖洛普针对金

砖国家的一则调查提到，对于在影响经济增长的各种因素中，环境保护是否应被提到最高日程这一问题，其中 57% 的中国受访者回答肯定，而巴西回答肯定的人数达到 83%。自 2008 年以来，巴西发生了多起反抗外来投资者投资大豆种植园的运动，他们用大卡车堵塞公路，抗议农业垦殖缺乏环境责任，损害了当地人传统的生活方式。尽管这些反抗行为并没有专门针对中国投资者，但是如果中国不注意自己的环境和社会责任、缺乏对公众的充分阐释和与社区的积极合作，中国将受到让巴西"初级产业化"的责备。

2014 年金砖五国峰会之后，中国在拉美的投资开始涉及若干基础设施类超级工程，无论是运河、公路、铁路还是传统的水电、矿业和油气，其重大的环境影响都将把中国推到国际生态环境保护的风口浪尖。因此，从政治修辞、媒介应对、文化适应、生态责任的角度重新反思中国资本在国内和国外的行为势在必行。

中国在南极海洋保护中的角色

陈冀俍*

摘　要：　中国于2007年正式加入南极海洋生物资源养护委员会，参与南极海域的治理并逐步开展在南极海域的渔业捕捞作业。本文对于南极海洋保护的现状、海洋保护区谈判进展和中国的主要关切进行了梳理。认为中国在该议题上的立场需要基于以下两点来构建：第一，远洋渔业的整体发展战略需要与全球渔场退化的现实相适应；第二，极地政策需要与建设生态文明的政治方向俱进。中国需要在明确自己具体利益和现实约束的前提下在此议题上做出负责任的决定。

关键词：　南极海洋生物资源养护委员会　南大洋　公海保护区

一　南极海洋治理的概况

在20世纪六七十年代开始的南极磷虾渔业引起了南极条约缔约国和科学家的严重忧虑。南极条约各方因此启动了关于《南极海洋生物资源养护公约》（CAMLR公约）的谈判。该《公约》的任务是确保渔业在南极条约体系的控制下，并且不会对目标物种和泛南大洋生态系统造成重大的负面影响。1980年《公约》达成后，缔约方一起建立了南极海洋生物资

---

* 陈冀俍，创绿中心研究员，自2012年起作为NGO代表参与南极海洋生物资源养护委员会的谈判，关注该委员会下海洋保护区进程的发展。

源养护委员会（CCAMLR）。

CCAMLR 采用生态系统方法（ecosystem approach）和预警性的方法（precautionary approach）来管理南极的海洋。这主要体现在《南极海洋生物资源养护公约》中的第二条第三款所规定的养护原则，即"维护南极海洋生物资源中被捕捞种群数量、从属种群数量和相关种群数量之间的生态关系；使枯竭种群恢复到本款第（一）项规定的水平（不应低于接近能保证年最大净增量的水平）"。也就是说，CCAMLR 不仅关注被捕捞的种群的健康，也关注上下游物种的种群和整体生态系统的健康，并通过谨慎的方式管理渔业。

二　南极海洋保护区进程

（一）南极海洋保护的现状

自《公约》生效后，CCAMLR 采取了一系列捕捞限制措施和渔业管理措施来实现可持续渔业管理。因为鱼类种群的减少，该委员会正式关闭了大多数受管控的有鳍鱼渔业，包括南极半岛和南奥克尼群岛周围水域，以及南印度洋地区的渔业。CCAMLR 还通过一系列措施减少非法的犬牙鱼捕捞，包括成员国定期在许多合法渔场巡逻。除了禁止刺网捕鱼外，CCAMLR 也禁止了海底拖网捕鱼作业，因为后者对海底有不良影响；同时 CCAMLR 也实行了保护脆弱海底栖息地的措施。CCAMLR 对预警原则的运用主要是制定预警的捕捞限额。同时 CCAMLR 也会设立小规模管理单元（SSMU）或者小规模研究单元（SSRU）这样临时的禁渔区。

可以说 CCAMLR 管辖区是公认的世界上唯一一个在大规模渔业开发之前建立起严格管理制度的海域，经过多年的努力，也确实取得了较好的成果，例如，把海鸟的误捕率降到几乎为零，生态系统保存较为完好。在全球多数渔业区产量逐年缓慢下降的背景下，CCAMLR 的管理被视为典范。

（二）建设海洋保护区（MPA）的需要

现在对于海洋保护区最通用的定义来自世界自然保育联盟（IUCN）对自然保护区的定义："自然保护区是具有清晰地理范围界定，通过法律和其他有效方式认可、明确和管理，以实现对自然和相关生态系统服务和文化的长期养护"，在海洋上的这类区域就被称为海洋保护区。此定义已被政府及非政府组织广泛采用，所以可视之为一项国际标准，各国对于自己的 MPA 的定义都是建立在此基础之上。IUCN 强调，有些区域的划分虽然能够实现自然养护的目的，但是若在设立时没有明确声明自然养护的目标，这类区域就不能被称为保护区①。简而言之，海洋保护区就是划出一片海洋区域，限制人类活动以保护该区域的生态系统，可能受到限制的人类活动主要有渔业、航运、油气开采和旅游业等，CCAMLR 的法律授权是管理渔业，所以CCAMLR 只能设立其授权内的限制渔业的海洋保护区。要实现其他方面的保护效果就需要其他相关的国际组织进行配合。如国际海事组织（IMO）在2014 年 11 月通过了《国际极地水域船舶作业规则》，对在极地海域航行的船只的安全和环境标准做出要求。

由于 CCAMLR 在生态养护方面的良好声誉，在南极建立海洋保护区的必要性往往会受到质疑。从目前的提案来看，在南极设立海洋保护区的出发点主要有以下几方面。

第一，渔业的影响依然具有不确定性。南极海洋的生态系统虽然生物量巨大，但是食物网结构较为简单②，而磷虾和犬牙鱼作为目前主要的捕捞物种，同时也是处于食物网核心的物种。人类对犬牙鱼的生活习性所知甚少，

---

① *Guidelines for Applying the IUCN Protected Area Management Categories to Marine Protected Areas*, IUCN. 2012，第 9 页，http://cmsdata.iucn.org/downloads/uicn_categoriesamp_eng.pdf.

② "北约科学家在 20 世纪 60 年代初对环境战十分着迷，他们试图想象生态系统中哪一个环节最容易被操纵。他们分析食物链中的联系，把他们视作一个可攻击的目标，但是反过来也发现，就是食物链/食物网越复杂，攻击就越困难；反之，食物网越简单，系统就越脆弱。"引自雅各布·达尔文·汉布林《生物多样性关乎人类生存》，《纽约时报》2013 年 6 月1 日。

只知道其生命周期可长至50年，不了解其捕食、产卵的习性，所以需要把较可能成为繁殖捕食栖息地的海域保护起来。对于磷虾，虽然已经尽可能将捕捞配额分散到不同的区域，但是近岸的捕捞可能仍然过于密集，导致其与企鹅争食。种种因素导致人们担忧未来磷虾渔业的继续增长。最重要的因素是对磷虾产品日益增长的需求，包括 $\Omega-3$ 脂肪酸在保健品和水产养殖中的应用。而海洋保护区就是在不降低捕捞限额的前提下，转移一些渔业的压力，使生态系统的一些关键过程，如捕食和繁殖可以尽可能地得到保护。

第二，气候变化给南大洋带来的不确定性也在增加，由于全球变暖和臭氧层空洞导致的离岸风增加，南极半岛西边的冬季海冰面积和结冰时间都急剧缩减。冬季海冰恰恰是磷虾的"育婴房"，海冰的减少会导致第二年夏季磷虾数量的减少，这必然会对以磷虾为食的物种产生影响。同时，捕捞活动也会顺着海冰缩减的趋势逐渐向深冬延长，这样就造成了对生态系统更大的压力。大气中二氧化碳浓度的增加也造成了海洋的酸化，南极地区已经发现了被酸化的海水所融化的浮游生物的外壳。海洋保护区虽然不能完全消解气候变化的恶劣影响，但可以提高南极生态系统的自我恢复能力，使物种在此喘息和复原。

第三，南极的海洋因为人类活动较少，是世界上仅存的完整的大型野生生态系统，是绝佳的天然实验室。把这里保护起来，可以为人类研究渔业资源和生态系统的关系，以及研究气候变化对自然生态系统的影响提供参照。

从渔业的角度来看，相比世界上大部分海域，南大洋确实被保护得更好，但是《南极海洋生物资源养护公约》的着眼点不是渔业的可持续生产，而是偏重于生态系统的保全，这是考虑到了南大洋的特殊价值。从这个角度看，在南大洋设立海洋保护区的网络是大有益处的，这也是为什么CCAMLR很早就决定要向此方向努力的原因。

（三）谈判的进展和中国的参与

作为对2002年约翰内斯堡世界可持续发展峰会的海洋保护目标的回应，CCAMLR于2005年开启了针对海洋保护区的讨论，召开了多次研讨会。中国在 2007 年正式成为 CCAMLR 成员国，在 2009 年也支持南奥克尼群岛保护区的设立。但是当罗斯海和东南极的保护区提案开始形成时，遇到了来自中国的较大阻力。2011 年，两份保护区方案尚未形成正式提案，在讨论《养护措施 91－04：建立 CCAMLR 海洋保护区的总体框架》的时候，中国和俄罗斯就表现出非常强硬的态度。2012 年当两份提案被正式提出后，中俄以程序性理由拒绝在当年年会上讨论这两份提案。结果大会决定于 2013 年 7 月在德国不莱梅港增开一次针对海洋保护区的特别会议。在这次特别会议中，科学委员会对两份提案进行了深入的讨论，但是当进入委员会的正式讨论环节，俄罗斯质疑 CCAMLR 设立海洋保护区的法律权力，最后无果而终。在 2013 年十月的年会上，俄罗斯和乌克兰再次严厉反对几经修改的提案（罗斯海提案中所包括的面积已经削减了约 40%）进入决议起草程序。而中国则表现出了相对灵活的态度。在 2014 年的南极条约协商会议（ATCM）上，俄罗斯公开提出了自己对南极海洋保护区的主要关切，会上也针对这些关切进行了讨论，中国也发挥了建设性的作用。但是在 2014 年年会上，中国在明知俄罗斯会强硬阻挠海洋保护区决议的情况下，公开强烈质疑建设保护区的必要性。

在公海建立大规模的海洋保护区是一种创新的尝试。与国家管辖范围内的海洋保护区相比，目前的南极海洋保护区提案的特点有：①面积大，而且有大面积人迹罕至、数据缺乏的区域；②由 CCAMLR 管理，但是管理计划不细致，管理成本和责任分担不明确；③提案针对的区域与提案国原有对南极的领土主张的扇面相对应，易引起非主张国的怀疑。

在中国和俄罗斯存在重大保留意见，并未提出任何修改建议的情况下，罗斯海提案中海洋保护区的面积从 2013 年的 230 万平方公里缩减为 2014 年的 132 万平方公里，东南极洲提案中海洋保护区的面积从 2013 年的 163 万平方公里缩减为 2014 年的 120 万平方公里。四年过去了，尽管这期间出现过几次折中方案和尝试，但迄今为止，每年的议谈都是无果而终。与此同时，威德尔海和西南极半岛保护区提案的设计工作已经相继开始，CCAMLR 在此议题上面临着老问题尚未解决、新问题又将到来的局面。

三　中国对于南极海洋保护的主要关切

中国对于南极海洋保护区的态度取决于多个维度，既有地缘政治的考量，亦有对渔业利益的期望，也有对于保护区实际操作性的顾虑。

（一）地缘政治利益

南极海洋保护区的提案与提案国原有的领土主张的扇区是大致对应的（新西兰－罗斯海，澳大利亚－东南极）。这可能是无法避免的，因为有历史上的这种渊源或者地理上的毗邻，提案国才会在相应海域有更多活动，这样才会有比其他国家更多的数据，也更有发言权。但是这种对应关系自然会让非提案国或者非主张国神经紧张。虽然提案国小心谨慎，尽力避免关于领土主张的猜疑，如把保护区的管理完全放在南极海洋生物资源养护委员会的框架之内，这种努力足以免除拉美国家在地缘政治方面的猜忌，但是对于中国、俄罗斯这些传统对手而言，从结果来看说服力依然是很不足的。

（二）渔业利益

农业部在 2012 年发布的《关于促进远洋渔业持续健康发展的意见》中提到，“要在《南极海洋生物资源养护公约》框架下，以开发南极磷虾资源为重点，深入开展南极海洋生物资源调查研究、探捕开发和加工利用……力争早日实现南极磷虾商业性规模开发利用”。中国在南大洋的磷虾探捕自 2009 年开始，已经基本完成从探捕到商业捕捞的转型。中国水科院东海水产研究所所长陈雪忠认为，赴南极探捕磷虾，对我国远洋渔业的可持续发展意义重大。我国共有十来艘大型拖网船，原本集中在北太平洋区域作业，随着鳕鱼资源的衰退，部分转战智利外海捕捞竹荚鱼，如遇资源波动，船则无处可去。今后，南极磷虾有望成为远洋捕捞的后备资源[1]。我国是世界上最

---

① 任荃：《中国远洋渔船将首赴南极探捕磷虾》，2009 年 12 月 4 日，http：//news. sina. com. cn/c/2009 - 12 - 04/075519188530. shtml。

大的渔业养殖国家，所以也是最大的鱼粉进口国，磷虾的捕捞有望缓解供应紧张。图1显示了中国2010～2013年在南极磷虾探捕的捕捞量，不同颜色的折线体现的是不同亚区的捕捞量。

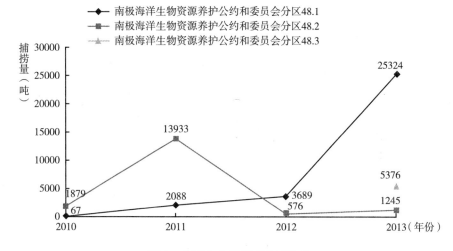

图1　中国在南极的磷虾捕捞量

资料来源：CCAMLR。

中国是磷虾捕捞的后发国家。图2显示的是20世纪70年代以来各国在南极的磷虾捕捞量。可以看到，即使在捕捞量最高的时候也没有超过70万吨，而中国农业发展集团的刘身利则认为，中国应该把捕捞目标定在200万吨[①]，这引起了关注磷虾渔业人士的关注。

目前的保护区提案对于捕捞限额的设置没有改变，只是改变了渔船的活动范围。而且目前的保护区提案还不是在磷虾捕捞最密集的48区。罗斯海的提案主要是关闭了一些犬牙鱼的渔场。从图3可见，保护区实际上已经避开了捕捞量最密集的区域，也就是说，提案国在设计保护区方案的时候，已经尽可能考虑到了渔业的利益，但是对于渔业的后发国家来说，未来的可能

---

① Xie Yu, "Country steps up operations in Antarctic to benefit from krill bonanza," *China Daily USA*, http://usa.chinadaily.com.cn/epaper/2015-03/04/content_19716649.htm.

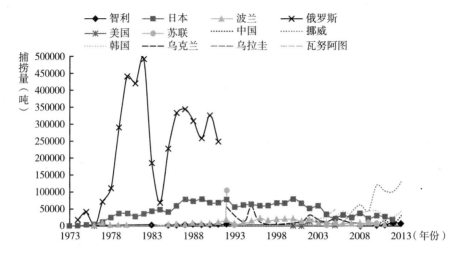

图2　CCAMLR 各国的磷虾历史捕捞量

资料来源：CCAMLR。

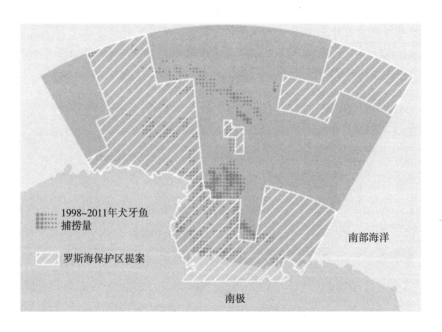

图3　2012 年的罗斯海保护区提案

注：阴影点代表 1998～2011 年的犬牙鱼捕捞量

资料来源：南极海洋联盟。

性也是很重要的。当发达国家综合考虑海洋生态系统的生物多样性价值、科研价值、景观美学价值、渔业价值的时候，后发渔业国家和发展中家则会更加偏重渔业这种直接利用的价值。

（三）保护区的研究和管理机制

中国在对于保护区的管理和研究的操作性上也有顾虑。因为从目前的提案来看，管理和研究计划依然是依托于 CCAMLR 的现有架构，体现的是一种"基于目前的机制，在实践中改进"的思路。也就是说，CCAMLR 依然作为一个整体来管理海洋保护区，而不是像南极特别保护区和特别管理区一样把区域的管理交给某个国家。但是，在实际管理中保护区增加的额外执法责任和成本在国家之间如何分担并不明确。以南奥克尼群岛为例，在 2009 年制定出边界之后一直没有科研和管理计划，直到临近 2014 年评议的时候才由欧盟提出管理和科研计划供讨论，所以从 2014 年的南奥克尼群岛保护区的报告①来看，2009～2014 年，保护区的设置并没有引发有组织的、针对保护区的科研活动。在《关于建立 CCAMLR 海洋保护区的总体框架有关问题分析》一文中，杨雷认为，由于《总体框架》关于基准科学数据、科学指标与标准体系、信息收集管理系统等作为设立海洋保护区科学基础的关键组成部分的规定缺失，提案国提出的简单的科研监测计划很难承担起为海洋保护区的监测、评估、审核提供科学基础和支撑的重任②。

四 从生态文明看海洋和极地强国建设

中国在南极海洋保护区问题上的立场脱离不了建设海洋和极地强国、发展远洋渔业的大背景。但是发展"生态文明"也是这个时代不能忽略的重大背景。中国提出"生态文明"的概念，也是因为借鉴国内经济发展的经

①　文件编号为 CCAMLR, sc – xxxiii – bg – 19。
②　杨雷：《关于建立 CCAMLR 海洋保护区的总体框架有关问题分析》，《极地研究》第 26 卷，第 532 页。

验，发现传统的、以自然资源无限为假设、以无限扩大物质消费为目标的经济发展模式已经走到了尽头，这是核心领导层的深刻洞见。但是这种认识实质性地传递到各行各业还是要有一个过程。在节能减排和自然保护等领域会走得快一些，但是在一些传统上被认为与"环保"无关的领域，如海洋发展和极地这些领域，可能步子会慢一些。

建设海洋强国，在南极事务上"为人类和平利用南极做出贡献"是我国的既定方针。这些既定方针在当下的指导作用，需要放在建设生态文明的大背景下来看。

首先，远洋渔业的整体战略必须针对全球渔业的整体趋势有一个理性的、长期的策略。粮农组织的报告显示，海洋渔业的整体捕捞量经过四十年（1955～1990年）的快速增长已经基本达到峰值，目前是一个平稳中带着缓慢退化的趋势（见图4）。而中国是在这四十年快速增长的尾声开始扩大自己的远洋渔业的。也就是说，从数量上来看，实际上中国远洋渔业的快速增长并没有开发出更多的资源，而是其他一些国家的渔业产能转移到了中国。如果这种趋势持续下去，中国会在全球的远洋渔业中占据主导地位，同时相应的责任也会落到中国头上，中国必须为此做好准备。这个准备就是说，一旦产能不能再增长了，下一步该怎么办。国内的产能满了可以去别人的专属经济区，可以去公海，那么这些地方都满了怎么办？所以需要从战略层面倒推出当前的政策组合，做大的同时要做强，这里的做强指的不是单位努力捕捞量（CPUE）的上升，而是渔业管理能力的强大。这需要先进的理念，如生态系统原则和预警原则；强大的政策执行能力和执法能力，如对非法捕捞的打击等，最终实现产值与捕捞量的脱钩，生态与经济双赢。渔业国家希望扩大南极磷虾的捕捞，而环保组织一致反对，出于同一个理由：目前其他海域的捕捞出现了问题。渔业认为，这个问题是自然的极限，要解决只有去别的地方扩大渔场，而环保组织认为，问题是渔业本身的管理方式，除非这种产量扩张导向的发展模式得到根本改变，否则在南大洋放松磷虾捕捞的限制只能重蹈其他海域的覆辙。

其次，对于"为人类和平利用南极做出贡献"的方针，需要根据时代

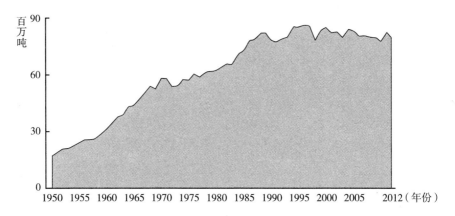

图 4　全球海洋捕捞渔业趋势[*]

资料来源：《粮农组织 2014 年全球捕捞和养殖渔业态势报告》，第 5 页，http://www.fao.org/3/a-i3720e/index.html。

的特征赋予新的内涵。特别是"利用"这个概念在生态文明话语和南极条约体系下有特别的定义。南极考察的 30 年是改革开放的 30 年，是全球化的30 年，也是可持续发展成为全球性议题的 30 年。而对"利用"的看法也发生了巨大的变化。虽然"增长的极限"的概念在 1972 年就被提出，但是这个概念在全球范围内被接受是在近 30 年，特别是在里约环境与发展会议之后，这个概念融入了"可持续发展"的理念。这个理念简而言之就是人类对地球物质资源的利用需要被限制在一个幅度之内，来保证资源消耗的速度小于等于资源自我恢复的速度。所谓"合理利用"、"可持续利用"都是相同的概念（这一点非常明显地体现在《南极海洋生物资源养护公约》的第三条上）。这一理念是基于这样一个认识，即人类的经济活动是生态系统的子系统，而不是相反。由于这一认识直接威胁到"经济发展至上"的政治议程，所以屡受阻挠，花了很长时间才勉强进入主流经济学的视野，这是对于传统的"利用"概念的一个限制。同时科学界的发现，对于传统的"利用"的概念又展开了延伸。近几十年来生态学的发展和环境破坏的教训让人类发现，并不是只有能够私有化、货币化的资源才能被利用，人类一直在免费享用生态系统的服务，如清洁的空气和水、生物多样性，而一旦损失这

些则需要付出货币的代价来补偿。所以生态系统服务、科学研究都被纳入广义的"利用"的范畴。总而言之，保护意味着对狭义的"利用"的限制，而保护的目的是实现广义的"利用"。

五 结语

综上所述，中国在南极海洋保护议题上的立场需要基于以下两点来构建：第一，远洋渔业的整体发展战略需要与全球渔场退化的现实相适应；第二，极地活动的方针需要与建设生态文明的理念俱进。在明确自己具体利益和现实约束的前提下，在南极海洋生物资源这样的全球公共物品的治理上做出负责任的决定。

最后，作为环保组织，我们认为参与南极治理的国家都要问自己一个问题，如果南极是我的领土，我会怎么对待它？而回答这个问题首先需要回答，我现在是怎样对待我的领土的？这两个问题的答案，决定了各个国家在参与南极治理中是否能占领道德制高点。利益的问题，通过谈判都是可以解决的。南极海洋保护区的建设需要中国的积极参与，但我们所期望的，不是半推半就的妥协，而是像应对气候变化一样，从"要我干"变成"我要干"。

调查报告

Investigation Reports

G.17

蓝天路线图Ⅱ启动实时公开

公众环境研究中心、阿拉善 SEE、中国人民大学环境政策与规划研究所、
自然之友、环友科技、自然大学联合发布

2013 年，中国城市大气污染问题引发社会更加广泛的关注。多地频繁遭遇灰霾侵袭，尤其是人口密集的京津冀以及山东、河南部分地区的雾霾常常连日不散，而东北和长三角地区爆发的重度灰霾也对当地造成严重影响，蓝天距离我们似乎依然遥不可及。

找回蓝天的路径何在？公众环境研究中心在 2011 年 12 月发布报告，提出有必要沿着监测发布、预警应急、识别污染源和重点减排的次序，一步步向蓝天目标迈进。对照路线图，我们看到，2013 年中国在信息发布和预警应急方面取得重要进展，而在识别污染源这个关键环节则出现了实现历史性突破的机会。

通过对公开信息的全面性、及时性、完整性和用户友好性进行 AQTI 指数评价，我们看到，上百座城市空气质量信息公开水平继续大幅提升，平均

得分从 2012 年的 21.5 分提高到 58.8 分。截至 2014 年 1 月 2 日，共有 179 个城市开始了空气质量信息的实时公开，居民们通过电脑甚至手机就可以了解空气质量的实时数据。

实时发布凸显污染的严重程度，这促使多个地区制定重污染天气应急预案。在这些应急措施中，学校停止户外活动及企业强制减排等措施是保护公众健康和防止污染恶化的关键措施。报告发现，经过较长时间的磨合，这些关键措施开始在重污染天气条件下实施，但由于缺乏全面公示，是否落实以及实施效果如何常常难以确认。

监测发布和预警应急固然重要，但找回蓝天还必须要实现大规模减排，而减排首先必须识别污染源。通过分析我们认为，当前的污染已经呈现明显的区域性特征，因而污染源的识别也必须扩大到区域范畴。根据相关研究，京津冀、长三角等区域高耗能产业密集，煤炭消耗量巨大，而其中一批排放量巨大的点源应当首先得到管控。

我们认为，要识别和监管区域的污染源，必须从 PM2.5 信息的公开延伸到污染源信息的公开。自 2013 年 2 月亚布力论坛开始，环保组织和企业家组织联手推动污染源信息公开，并获得了北京、河北等地的积极回应。而环保部于 2013 年 7 月 30 日发布规章，要求各省建立平台，实时发布在线监测数据。

在线监测数据的实时发布，山东、浙江、河北等省走在了前列。我们认为，它们的良好实践，有助于满足公众知情权，也有助于识别区域内的主要污染源头。与此同时，天津、广东、湖南等重要省市的在线平台则没有发布，令人遗憾。

对这些在线数据进行初步分析，我们发现在华北地区，山东、河北等省的一批火电、钢铁企业严重超标排放，一些排污大户甚至在当地处于重度污染的一些时段依然每时每刻都在超标排放。

实时发布有助于识别区域内的污染源头。通过对比在线数据我们发现，各个地区的工业污染源排放规模差距显著。以 2013 年 10～12 月山东、河北和北京三地部分主要企业为例，山东、河北 8 家企业氮氧化物排放总量分别是北京 8 家主要企业的 37 倍和 30 倍，这些污染源应是减排的重点。

应当指出，山东已经提前对火电、钢铁等重点行业实施了更为严格的排放标准，而河北也实施了更为严格的钢铁业排放标准。但是，江苏、浙江、辽宁等重点省市排放标准，包括河北省的火电、水泥等排放标准，天津市的氮氧化物排放标准，尚待提高。

2013 年的大范围雾霾，也激发了最为进取的政府行动计划。2013 年 9 月 10 日，国务院发布了《大气污染防治行动计划》，提出通过污染控制、调整产业和能源结构等十条措施，用 5 年让空气质量明显好转，再以 5 年消除重污染天气。

我们认为，面对数量惊人的污染源头，减排计划必须抓住重点，首先从对工业和燃煤企业的管控入手。通过计算我们发现，山东、河北等重点地区的部分企业如能达标排放，其氮氧化物等最关键的污染物的排放量将可实现大幅度的减排。

大气"国十条"和多地的减排措施，难免触及巨大的既得利益，落实的挑战不容低估。关注大气污染治理的各界人士，不能坐等蓝天的重现。我们呼吁政府、法院、企业、媒体、环保组织和公民们各司其职，抓住污染源信息实时公开所提供的历史性机遇，从监督企业达标排放开始，共同推动污染减排，尽快驱散城市上空的灰霾。

2013 年，中国城市大气污染问题引发社会更加广泛的关注。一方面，上百座城市已经开始了 PM2.5 等污染物监测信息的实时发布，中央和地方政府出台了规模庞大的减排行动方案；另一方面，空气污染问题还在恶化，大量城市频繁遭遇灰霾侵袭，尤其是人口密集的京津冀以及山东、河南部分地区多次经历连日不散的雾霾，而黑龙江、吉林和长三角地区爆发的重度灰霾也对当地造成了严重影响。

灰霾中市民的焦虑持续增长，蓝天距离我们似乎依然遥不可及，找回蓝天的路径何在？

对于仍处于高速工业化和城市化进程中的中国来说，大气污染治理难以

一蹴而就。公众环境研究中心在 2011 年 12 月发布报告，提出有必要沿着监测发布、预警应急、识别污染源和重点减排的次序，一步步向蓝天目标迈进。

具体而言，蓝天路线图分为以下四步：

第一步，是扩展空气质量的信息公开，全面、及时地向社会发布监测数据；

第二步，是要对公众做出相应的健康预警，同时以强有力的应急措施缓解重度污染；

第三步，是要识别污染物的主要排放源，确定减排重点；

第四步，则是制定有针对性的方案和时间表，实现大幅度减排。

本期报告意在对照路线图，梳理目前的进展，找出亟待突破的关键瓶颈，以便抓住重点，尽快迈向规模减排。

根据 113 个环保重点城市的公开状况，公众环境研究中心第三次开展了空气质量信息公开指数（AQTI）评价，以确认各城市空气质量信息公开是否全面、及时、完整和用户友好。

113 个环保重点城市 AQTI 评价结果

排名	城　市	2013 年得分	2012 年得分	排名	城　市	2013 年得分	2012 年得分
1	北　京	77.4	64.8	11	温　州	73.2	24.0
2	东　莞	76.8	69.0	11	绍　兴	73.2	37.8
3	南　京	76.4	56.0	11	福　州	73.2	15.0
3	苏　州	76.4	55.2	11	烟　台	73.2	18.6
3	重　庆	76.4	30.6	11	武　汉	73.2	47.4
6	宁　波	76.0	9.0	11	成　都	73.2	42.6
7	大　连	74.8	54.8	11	昆　明	73.2	16.8
7	青　岛	74.8	28.6	20	厦　门	71.6	43.0
7	广　州	74.8	16.2	20	济　南	71.6	13.8
10	嘉　兴	74.2	76.0	22	上　海	71.0	50.2
11	天　津	73.2	33.6	23	台　州	70.2	22.0
11	杭　州	73.2	20.4	24	常　州	70.0	39.6

排名	城 市	2013 年得分	2012 年得分	排名	城 市	2013 年得分	2012 年得分
24	南 通	70.0	44.2	60	长 治	61.2	15.8
24	连 云 港	70.0	28.8	60	汕 头	61.2	16.2
24	宜 昌	70.0	18.6	62	呼 和 浩 特	61.0	8.4
28	湖 州	68.4	18.0	62	沈 阳	61.0	11.4
28	淄 博	68.4	11.4	62	长 春	61.0	11.4
28	枣 庄	68.4	13.8	62	盐 城	61.0	18.6
28	潍 坊	68.4	0.0	62	南 昌	61.0	18.6
28	济 宁	68.4	0.0	62	长 沙	61.0	13.8
28	泰 安	68.4	19.2	62	湘 潭	61.0	13.8
28	威 海	68.4	7.2	62	乌 鲁 木 齐	61.0	14.4
28	日 照	68.4	0.0	70	大 同	57.6	17.4
36	西 安	68.2	38.6	70	阳 泉	57.6	17.6
37	佛 山	67.6	64.8	70	临 汾	57.6	18.2
38	深 圳	67.4	75.0	73	北 海	53.8	16.2
39	珠 海	66.0	56.4	74	包 头	52.2	8.4
39	中 山	66.0	64.6	74	马 鞍 山	52.2	11.4
41	太 原	65.2	25.4	74	泉 州	52.2	15.6
41	郑 州	65.2	13.8	74	韶 关	52.2	14.4
41	开 封	65.2	14.4	74	柳 州	52.2	14.4
44	石 家 庄	64.6	19.2	74	桂 林	52.2	13.8
44	唐 山	64.6	19.8	74	绵 阳	52.2	9.0
44	秦 皇 岛	64.6	5.4	74	宜 宾	52.2	15.6
44	邯 郸	64.6	11.4	74	宝 鸡	52.2	16.8
44	保 定	64.6	18.6	74	咸 阳	52.2	13.8
44	哈 尔 滨	64.6	27.0	84	鄂 尔 多 斯	50.4	4.2
44	无 锡	64.6	31.8	84	鞍 山	50.4	11.4
44	徐 州	64.6	22.2	84	铜 川	50.4	19.8
44	扬 州	64.6	31.2	84	延 安	50.4	9.6
44	合 肥	64.6	30.6	88	芜 湖	46.6	14.4
44	株 洲	64.6	16.8	88	荆 州	46.6	19.2
44	南 宁	64.6	38.6	90	锦 州	38.0	14.4
44	贵 阳	64.6	19.8	91	赤 峰	37.6	11.4
44	兰 州	64.6	14.4	91	抚 顺	37.6	22.8
44	西 宁	64.6	14.4	91	本 溪	37.6	0.0
59	银 川	62.4	15.0	91	吉 林	37.6	11.4

续表

排名	城市	2013 年得分	2012 年得分	排名	城市	2013 年得分	2012 年得分
91	齐齐哈尔	37.6	11.4	91	张家界	37.6	11.4
91	大庆	37.6	11.4	91	湛江	37.6	14.4
91	牡丹江	37.6	9.0	91	攀枝花	37.6	11.4
91	九江	37.6	16.2	91	泸州	37.6	11.4
91	洛阳	37.6	14.4	91	遵义	37.6	11.4
91	平顶山	37.6	14.4	91	曲靖	37.6	0.0
91	安阳	37.6	18.0	91	金昌	37.6	0.0
91	焦作	37.6	4.2	91	石嘴山	37.6	15.6
91	岳阳	37.6	13.8	91	克拉玛依	37.6	11.4
91	常德	37.6	14.4				

G.18
中国碳市场民间观察

创绿中心研究院

碳排放权交易是用市场手段实现更低成本节能减排的政策工具之一，是中国"十二五"政策创新和提升减排力度的重要体现。2011 年下半年，国家发改委在七个省市开始了碳交易试点工作，2013 年是试点启动碳交易的"元年"，对未来中国的碳价格政策具有先行先试的重大示范效应。考虑到中国碳市场的发展阶段和水平，在参考国际经验和充分吸收各方专家意见的基础上，创绿中心着手搭建了评估中国碳市场的框架体系。评估体系涵盖了四大领域，包括机制设计、机制执行、市场表现、信息透明度和利益相关方参与，在四大领域内又分别设定了具体指标，对碳交易的运作进行分析和评价。

报告汇总了截至 2013 年 11 月 5 日有关七个试点的公开可得信息。由于获取的公开数据不充足，报告对试点重点进行了定性分析。分析得出中国碳市场潜在的风险和挑战包括：排放数据质量先天不足，总量设定存在过松的风险，总量的浮动性、增长空间的预留与其他国家能源和污染治理相关政策的衔接考虑还有待完善。其中，试点采用的配额分配方法以免费发放和参照历史排放的祖父法为主，个别地区对基准法和拍卖正在做出有益尝试。电力行业面临结构性挑战，上下游同时纳入碳市场的具体操作仍需再检验。法律基础和惩罚力度在现有实践来看是不充分的，监测报告核证（MRV）机制、第三方资质管理和市场风险控制有待进一步提升，碳市场产生的经济收入在使用方面也需要有明确的规定。

根据国际经验和国内现阶段的试点情况，碳市场的发展应该是一个不

断发现错误和纠正错误的过程，也是利益相关方在其中不断参与、探索方法、总结经验和改进的过程。政策上的不完善加大了对交易相关信息公开与透明的要求。信息及时准确的公开，正是促进市场发现和改正问题的重要前提。但是到目前为止，中国碳市场在信息公开以及数据准确性上还不令人满意，也缺乏明确的社会监督机制和途径。作为总量控制和交易体系的重要补充，中国温室气体自愿减排项目机制（CCER）的建立给中国的碳抵消项目带来了再次发展的机遇，同时也带来挑战。为了达到碳抵消项目的供求平衡，需要制定合理的管控方案，以确保碳抵消机制能在有效、高效、低成本地促进碳减排的同时，兼顾可持续发展和技术转移等多方面因素。

七大试点区域性碳交易在 2013 年起步实践，国家碳交易体系的顶层设计也悄然展开，这将为未来中国建立全国统一的碳市场积累宝贵经验。此外，碳税政策亦在等候政治性的决定，未来几年的政策发展和机制建设是中国的碳价体制形成的关键。为碳定价并形成有效的市场，初衷是实现温室气体的减排，也是全球应对气候变化的关键。这一过程需要全面思考和实践、多元参与和讨论、有效的市场监管以及社会监督，以确保市场的公平和有效减排。然而，目前的政策讨论仍然集中在较小的圈子和较为封闭的状态，参与市场的不同利益主体多是体现商业利益的诉求、关切。作为关注环境与气候保护的民间组织，创绿中心对碳市场的评估在中国范围内尚属首次。创绿中心会坚持把系统的数据收集和客观的分析做下去，推动形成一个多方参与、吸取国内和国外最佳经验、兼具包容和开放性的碳市场政策讨论，也为形成民间独立的分析、监督以避免犯错并保证顺利的政策制定与执行提供可靠的依据。

随着人们对能源安全和环境问题的关注不断提升，以及全球应对气候变化的压力日益增大，中国在节能减排领域的努力也不断增强和深化。"十二五"规划设定了 2015 年实现比 2010 年碳强度下降 17%、能源强度下降 16% 的目标。尽管政府主导的行政限制排放在"十一五"期间取得了一定的效果，使能源强度下降了 19.1%，但其局限性和产生的问题也是显而易见的。相比之下，基于市场的政策更能够推动成本有效的减排行动，寻求经济发展和应对气候变化的平衡。因此，碳市场的建立成为中国政府在节能减排领域的重要尝试。

2011 年下半年，国家发改委在七个省市开始了碳交易试点工作，它们分别是：北京、天津、上海、广东、深圳、重庆和湖北。碳交易作为一种即将落地的新模式，每个试点都面临着很大的挑战，在机制设计、执行和市场表现上，不同的地区都有差异。除这些差异外，机制设计者也面临着共同的挑战，其中包括数据的真实性和准确性、总量设定、分配方案、交易形式和参与者的能力等。2012 年至 2013 年初，北京、上海、广东、天津、湖北等先后完成或发布了其碳试点实施方案。

本文收集和采用的碳市场相关信息，均为截至 2013 年 11 月 5 日从社会公开渠道获取的信息。表 1 汇总了各地方试点的基本信息。根据这些试点已有的信息，我们的估算结果与世界银行与气候组织的相似，七个试点覆盖的二氧化碳排放总量为 6.5 亿 ~ 7 亿吨，这相当于目前中国二氧化碳总排放的9% ~ 10%。

与此同时，国家层面的碳交易体系以及相关内容包括登记簿、监测报告和核证机制等，也在世界银行、欧盟政府、澳大利亚政府等的帮助与合作机制下启动相关工作。2013 年 3 月，在刚刚获得批准的世界银行市场准备合作伙伴项目中国碳市场方案中，可以看到最新的进展和未来 3 年的研究规划。2013 年 10 月，国家发展与改革委员会（简称国家发改委）办公厅首批《10个行业企业温室气体排放核算方法与报告指南（试行）》发布使用，供开展碳排放权交易、建立企业温室气体排放报告制度、完善温室气体排放统计核算体系等工作参考使用。

此外，碳抵消项目也是中国碳市场的重要组成部分。国家发改委于2012年 6 月发布了《温室气体自愿减排交易管理暂行办法》，给出了中国自愿碳抵消项目的备案、开发和管理的规则。2013 年 3 月初公布了第一批中国温室气体自愿减排方法学备案清单中的 52 种方法。2013 年 10 月，中国温室气体自愿减排项目机制（CCER）交易信息平台已可以访问，第一批 11 个

表1 地方碳交易试点实施方案基本信息说明（截至2013年11月5日）

	北京	上海	广东	天津	湖北	深圳	重庆
实施方案发布	2012年4月10日	2012年8月16日	2012年9月7日	2013年2月5日	2013年2月18日	2012年10月30日	2013年8月经国家发改委批准，未向社会公布
机制类型	强制型	强制型	强制型	强制型	强制型	强制型	强制型
总量类型	绝对	绝对	绝对	绝对	绝对	相对	绝对
机制范围（行业）	电力生产、热力、制造业、大型公共建筑等（约600家）	高能耗工业、航空、海港、铁路、商业建筑等（197家）	9个高能耗工业，包括电力(827家)	钢铁、化学工业、供电、供热、石油化、石油天然气开采及建筑	钢铁、化工、水泥、汽车制造、电力、有色、玻璃、造纸等（约153家）	635家工业企业及200多栋大型公共建筑	电解铝、铁合金、电石、烧碱、水泥、钢铁等（约300家）
"十二五"能源强度减排目标（占2010年的%）	-17	-18	-18	-18	-16	-19.5	-16
"十二五"碳强度减排目标（占2010年的%）	-18	-19	-19.5	-19	-17	-21	-17
准入门槛（千吨CO_2/年）	10	20	20	20	约16	5	20
基准年（年）	2009~2011	2010~2011	2010~2012	2009至今	2010~2011	2009~2011	2008~2011

续表

	北京	上海	广东	天津	湖北	深圳	重庆
覆盖 CO_2 排放量（万吨）	4200	11000	21420	7800	12400	3173	5600
占地区总排放比例（%）	42	45～55	42	60	35	38	35～40
配额分配	2013～2015 年初始配额免费。初始配额分作为预留小部分配额,可能采用拍卖方式	2013～2015 年初配额免费。祖父法等修正因子（配合能效水平等）。未来考虑拍卖方式	2013～2015 年初始配额免费。以祖父法为主,拍卖为辅	2013～2015 年初始配额免费。以祖父法为主,对标法为辅。考虑依据上一年核证排放量调整一年的排放总量限制	2013～2015 年初始配额免费。5%作为预留配额用于市场调控,15%用于新增企业和设施	2013～2015 年初始配额免费。采取预先分配配额,后期调整确定的方式	不详
	一次性分配	一次性分配	每年分配	每年分配	每年分配	每年分配	一次性分配
MRV 准则	MRV 准则在制定中,由北京发改委监测,第三方核证	MRV 准则于 2013 年上半年完成,分行业的具体指南	MRV 准则在制定中	MRV 准则在制定中,由京发改委监测,第三方核证	MRV 准则在制定中。年能耗 8 千吨标准煤以上企业强制性提交碳排放报告,分批次逐步纳入碳交易	2012 年 11 月发布了《深圳市组织温室气体量化与报告指南》和《深圳市组织温室气体核查指南》,2013 年 4 月发布了《深圳建筑物温室气体排放的量化和报告规范及指南》	MRV 准则在制定中

续表

	北京	上海	广东	天津	湖北	深圳	重庆
碳抵消机制	允许使用CCER,可能会允许使用碳熊猫标准下的碳抵消。使用碳抵消的上限是年度碳排放量的5%	允许使用CCER,使用碳抵消的上限是年度碳排放量的5%	CCER以及广东省核证自愿减排量可按规定纳入碳排放权交易体系。允许使用的上限是年度碳排放量的10%	允许使用CCER,上限是年度碳排放量的10%	允许使用来自湖北省内的CCER,上限是年度碳排放量的10%	允许使用CCER,上限是年度碳排放量的10%	允许使用CCER,上限是年度碳排放量的8%
碳存储(是/否)	是(2015年前)	是(2015年前)	是(2015年前)	是(2015年前)	是(2015年前并有限制条件)	是(2015年前)	是(2015年前)
碳借贷(是/否)	否	否	否	否	否	否	否
交易平台	北京环境交易所	上海环境能源交易所	广州碳排放权交易所	天津排放权交易所	武汉光谷联合产权交易所	深圳排放权交易所	重庆联合产权交易所
履约与处罚	未公布,不详	对纳入配额管理的单位未履行报告义务,处1万元以上3万元以下罚款;未按规定接受核查,视情况处1万元以上5万元以下罚款;未履缴纳义务,视情况处5万元以上10万元以下罚款。第三方核查机构违规,情节严重的,三年内不得从事本市碳排放核查活动,并处3万元以上5万元以下罚款	超出排放额度进行碳排放的,按违规碳排放量市场均价的三倍予以处罚	未公布,不详	对其未缴纳的差额按照当年度碳排放市场均价的三倍予以处罚,同时在下一年度分配的配额中予以双倍扣除	超出排放额度进行碳排放的,按违规碳排放市场均价的三倍以上处罚。对控排企业未按时提交报告或未按时提交足额配额、核查机构不客观核查或泄露企业信息、交易所未履行职责等做出1万元到50万元不等的处罚,并对构成犯罪的行为追究刑事责任	未公布,不详

项目已经处于审定阶段向社会公示（2013 年 10 月 24 日至 2013 年 11 月 8 日）。2013 年 11 月 4 日第二批中国温室气体自愿减排方法学备案清单发布，包括碳汇造林方法和竹子造林碳汇项目两种方法。

2013 年是中国碳市场建构的关键一年，地方碳交易试点陆续完成配额分配和相关机制设计、交易平台建设并陆续展开交易（表1），碳试点也在这一年交出首份答卷。国家碳交易体系的顶层设计悄然开始，而碳税政策亦在等候政治性的决定，未来几年碳市场的发展和机制建设对形成中国的碳价格体系是至关紧要的。但是到目前为止，政策讨论和设计仍然集中在较小的圈子和较为封闭的状态，参与其中的不同利益主体的诉求也不同。一个多方参与的、吸收国内和国外最佳经验且兼具包容和开放性的政策讨论，在此基础上逐步形成独立的社会监督机制，对于避免犯错和保证政策制定与执行的顺利是重要的、有益的。而一个多视角、多维度的评估体系，为激发、推动积极讨论提供了坚实的基础，本报告也正是本着这样的初衷所展开的。

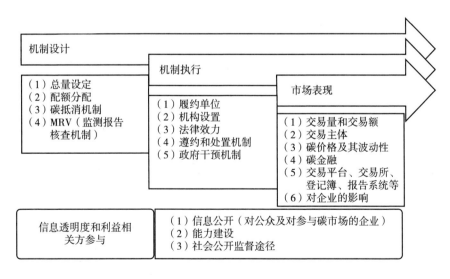

图 1　中国碳市场评估体系框架

报告首先会介绍中国碳市场评估体系的研究框架及关键指标，然后利用体系框架对所选取的深圳、上海两个典型试点进行评估，在此基础上提出问题与建议。考虑到碳抵消项目的相对独立性、重要性以及与中国碳交易实践发展特别是清洁发展机制进程的内在联系，特将对碳抵消项目进行分析和评价。最后，报告将从实现全球气候保护的民间视角出发，对中国碳市场的效率、减排有效性、兼顾交易主体公平性以及程序透明度等涉及未来市场发展等问题提出建议。

表2 2013年中国碳市场民间评估体系总览

评估大项	评估子项	具体指标	环境影响	社会影响	经济影响
A 制度设计	1 总量设定	严格程度,包括:总量多少(现有企业的初始分配量)? 如何看待增量(为经济发展预留增长空间)?	■		■
		灵活性:是否可以调整(澳大利亚模式)? 对目标严格程度的影响? 绝对总量还是相对总量?	■		■
		是否具有分行业的目标?	■		
		新进入企业如何处理? 是否会导致不公平?		■	■
		纳入范围:通常是大排放、管理成本较低的行业纳入,交通和建筑行业比较困难,不少地方试点纳入了这些行业,如何操作?			■
		总量占地区总排放比例?	■		
	2 配额分配	历史数据的准确性,考察:是否经过核查? 完整性和质量如何?	■	■	
		分配方法和分配方式:祖父法还是基准法;免费发放的比例有多大? 企业减排动力多大? 方法是否考虑"能效水平"(先期减排)和行业对标,还是仅仅参考历史排放?	■		
		企业层面:企业目标与万家企业节能目标的对比。		■	
		配额分配是否存在讨价还价的过程? 国有企业是否更具有优势?		■	

评估大项	评估子项	具体指标	环境影响	社会影响	经济影响
A 制度设计	3 碳抵消机制	碳抵消的供求:项目和指标供应数量,市场供求关系;碳抵消价格(最高限价、底价);比例、来源、类型等。			■
		碳抵消的利用机制:方法学、地方与国家层面之间的互相兼容性、各地交易体系的互联(配额、碳抵消)。			■
		项目的可持续性和质量:不同项目类型的环境、经济、社会影响;辐射效应:是否激发了价格作为杠杆,推动东部补贴西部、富人补贴穷人的社会效应?	■	■	■
	4MRV 机制(可测量、可报告、可核实)	是否有第三方核查?第三方的独立性、准确性如何保证(资质管理、社会诚信)?		■	■
		是否健全、清晰?科学严密性和可操作性之间是否平衡?是否有分行业和分产品的 MRV?			■
		是否存在重复计算的风险(如碳抵消项目、电力行业的纳入)?	■		■
B 机制执行	1 履约单位	是否独立承担责任、明确责任主体及其边界?是否存在交叉或者模糊(如分公司)?	■		■
	2 机构设置	是否责权明确、有强有力的领导;涉及的相关机构之间的协调如何、机构内部人员的能力;尤其随着碳交易越来越细,需要指导、修改规则、内部要有专家能力。		■	
	3 法律效力	是否有法律基础?效力如何?国家层面如何支撑?		■	
	4 履约和处罚	是否有遵约和处罚机制?处罚标准是怎样的?		■	
	5 所得的使用	体系是否带来政府的收入?如果是,如何使用?	■		■
	6 政府干预机制	如何干预(直接、间接)?谁来管?程序如何?做到什么程度?是否有效发挥作用?		■	
C 市场表现	1 交易量与交易额	是否披露具体交易量与交易额?			■
	2 交易主体与平台	是否好用?是否安全?平台数量以及市场切割如何?			■
	3 碳价格及其波动性	是否有底价、最高价格限定等?			■
	4 碳金融	有相关碳金融产品吗?有二级市场吗?			■

续表

评估大项	评估子项	具体指标	环境影响	社会影响	经济影响
C 市场表现	5 登记簿、报告系统	是否好用？是否安全？	▓		
	6 对企业的有效性	对企业短期、中长期决策是否有影响；是否会撬动企业的减排行动及碳管理流程建立；企业对未来的预期是什么？	▓		▓
D 信息透明度和利益相关方参与	1 对公众的信息披露	公开的程度、频率、及时性		▓	
	2 与企业的公开和互动	公开的程度、频率、及时性；在政策制定过程中及系统运行起来之后与企业互动。		▓	
	3 能力建设	数量、质量、深度、持续性。		▓	
	4 社会监督途径	是否存在？流程、机制、效果如何？		▓	

注：阴影部分表示本指标体现了此部分的影响。

资料来源：创绿中心：《中国碳市场民间观察》。

错误的激励：
中国生活垃圾焚烧发电与
可再生能源电力补贴研究

磐石环境与能源研究所

2014 年 7 月，国家发展和改革委员会发布《国家重点推广的低碳技术目录（征求意见稿）》，一共列出 34 项低碳技术。而在"垃圾围城"、低碳减排压力等现实背景下，生活垃圾焚烧发电技术也进入了这份名单。在此之前，由《中华人民共和国可再生能源法》和国家发展和改革委员会出台的若干规范性文件组合而成的可再生能源政策，已将垃圾焚烧发电作为生物质能源发电的一类纳入了可再生能源电力补贴的范围中。但是，我国的垃圾焚烧发电技术是否低碳、清洁和可持续，国家对垃圾焚烧发电的补贴是否合理和高效，是值得关注的问题。

本文通过研究中国可再生能源政策与生活垃圾焚烧发电的关系，可再生能源的概念，垃圾焚烧发电技术在碳排放、清洁性和可持续性方面的表现，以及列举分析垃圾焚烧发电可再生能源补贴的负面影响，总体认为，"生活垃圾"整体而言既不等同于"生物质"，也不等同于"生物质废物"；尽管生活垃圾中确实含有大量生物质，但因受到厨余组分高、含水率高和热值低的影响，其发电贡献率很低，通常不到 1/3。因此，将垃圾焚烧发电简单视为可再生能源发电项目进行全额补贴是非常牵强的。

本文同时认为，即便垃圾焚烧发电一部分确实来自生物质废物燃烧产生的能量，但从能源的可持续性角度考虑，生物质能本身存在可持续性的问题，我国目前尚缺乏精细化的绿色电力认证体系，不利于促进更高效的生物

质废物分类循环利用的发展。

此外，在现实中，我国生活垃圾焚烧所引发的环境污染和由此产生的人体健康风险也已经是不争的事实。这使得该技术与可再生能源应具备清洁性的要求仍然相去甚远。

针对当下关于"垃圾焚烧是否低碳"的社会讨论，本文通过可靠的数据比较分析，得出"生活垃圾焚烧发电不是一种低碳的能源利用方式"的结论，其理由如下。首先，垃圾焚烧发电相比其他垃圾处理方式，其吨垃圾二氧化碳排放量位居第二，仅次于厌氧填埋，却是厌氧产沼发电的 8 倍。其次，垃圾焚烧发电相比其他能源发电技术，每兆瓦时的二氧化碳排放量是最高的，达到 2.72 吨，这一数值不仅远远高于太阳能发电和风力发电，也高于化石能源发电，包括天然气，燃油，乃至煤炭发电。

尽管最近中央政府出台了一些政策旨在遏制垃圾焚烧项目通过掺烧化石能源骗取可再生能源补贴的现象，但并没有从根本上解决补贴垃圾焚烧发电与支持可再生能源发电的矛盾，因为即使垃圾焚烧发电不掺烧化石燃料，其获得的电力补贴大部分支持的是非可再生能源的电力生产，明显有悖于补贴政策的初衷。

综上所述，本文建议相关政府部门取消现行可再生能源发展政策中对生活垃圾焚烧发电给予的电价补贴，即目前统一标杆电价高于各地脱硫燃煤机组标杆上网电价的部分，并慎重考虑将垃圾焚烧发电技术列入《国家重点推广的低碳技术目录》的政策制度。

取而代之的正确政策措施有两大方面。一是变电力补贴为处理费支付，进而推动垃圾处理收费制度改革，落实"谁产生、谁付费，多产生、多付费"原则，倒逼垃圾减量及分类循环利用的发展。二是将有限的可再生能源电力补贴投向更有利于减少温室气体排放、更清洁、更可持续的垃圾管理措施，给予包括资金补贴在内的各方面支持，例如，建立生产者延伸责任制度、建立能够反映垃圾处理真实成本的收费制度、垃圾分类实践以及基于分类的垃圾资源化利用技术，特别是生物质废弃物的生化处理再利用。

表 2 比较了我国目前生活垃圾在 6 种不同处理方式下的二氧化碳排放以

及碳减排潜力。结果显示，垃圾焚烧的排放量为 0.815 吨二氧化碳/吨垃圾；计入发电产生的替代电网二氧化碳减排量后，净二氧化碳排放量为 0.575 吨，为碳排放量第二高的处理方法。

表 1　单位电量垃圾组分的贡献率比较

垃圾组分	组成	垃圾组分发电率	单位质量垃圾组分发电率	每千瓦时电量的垃圾组分工作
	Kg/Kg 垃圾	kWh/Kg	kWh/Kg 垃圾	%
	A	B	C = A · B	D = C/E
厨余	0.48	0.04	0.02	7.64
纸	0.13	0.36	0.05	18.28
塑料	0.12	0.96	0.12	46.60
玻璃	0.03	0.00	0.00	0.00
木头	0.01	0.36	0.00	1.20
织物	0.01	0.37	0.01	2.07
其他	0.22	0.28	0.06	24.21
总计	1.00		0.25(E)	100.00

注：以四川省成都市的洛带垃圾焚烧发电厂的垃圾组分成分比例为例，结合每类垃圾组分的焚烧发电率，计算得出各组分的发电贡献率。

表 2　不同生活垃圾处理方式的碳排放比较

吨气体/吨垃圾	CH_4	CO_2	CO_2 当量总计	电网 CO_2 排放替代量 a	净 CO_2 排放量
	A	B	C = A · GWP_b + B	D	E = C − D
厌氧产沼发电 c		0.256	0.256	0.186	0.07
填埋 + 沼气发电	0.009	0.234	0.423	0.149	0.274
焚烧发电		0.815	0.815	0.240	0.575
好氧堆肥		0.334	0.334		0.334
填埋 + 沼气燃烧	0.009	0.234	0.423		0.423
厌氧填埋	0.047	0.128	1.108		1.108

注：GWP_b 指全球变暖潜能值。

大　事　记

Chronicle

G.20
2014 年环保大事记

1月2日　企业环境信用评价

环境保护部于 2014 年 1 月 2 日会同国家发改委、中国人民银行、银监会联合发布了《企业环境信用评价办法（试行）》，指导各地开展企业环境信用评价，督促企业履行环保法定义务和社会责任，约束和惩戒企业环境失信行为。

1月7日　大气污染防治

为贯彻落实《大气污染防治行动计划》，环境保护部与内地 31 个省（区、市）签署了《大气污染防治目标责任书》，明确了各地空气质量改善目标和重点工作任务。除了明确考核 PM2.5 年均浓度下降指标外，目标责任书还包括《大气污染防治行动计划》中的主要任务措施。

1月15日　能源结构调整

国家发展改革委原副主任、国家能源局原局长吴新雄介绍，2014 年，全国非化石能源消费比重要继续提高至 10.7%，非化石能源发电装机比重要达到32.7%，天然气消费比重要提高至6.1%，煤炭消费比重要降至65%以下。

1月21日 生态保护

2014年是一号文件连续第11年关注"三农"问题，却是首次将保证农业的可持续发展置于核心地位，提出"实现高产高效与资源生态永续利用协调兼顾"。

1月23日 大气污染防治

为了应对严重的雾霾，国家能源局成立了大气污染防治工作办公室，并印发了《能源行业加强大气污染防治工作方案》。

2月5日 生态保护

中国环境保护部印发《国家生态保护红线——生态功能基线划定技术指南（试行）》。这是中国首个生态保护红线划定的纲领性技术指导文件。2014年，环保部完成全国生态保护红线划定任务。

2月7日 大气污染防治

国家能源局明确了大气污染防治重点工作时限及责任，采取五大措施，加强大气污染防治。

2月14日 水资源管理

水利部等十部门联合印发《实行最严格水资源管理制度考核工作实施方案》，对考核组织、程序、内容、评分等做出明确规定，这标志着我国全面启动最严格水资源管理的考核问责。

2月13日 大气污染防治

2014年度污染物总量减排任务是：二氧化硫、化学需氧量和氨氮排放量分别减少2%，氮氧化物排放量减少5%。2014年各地要完成1473个项目，电厂脱硝再增加1.3亿千瓦，钢铁烧结机脱硝增加1.5万平方米，黄标车淘汰300万辆。

2月25日 大气污染

对于很多石家庄居民来说，面对300多的空气污染指数似乎已经麻木，毕竟爆表的情况都已不鲜见。不过，石家庄市新华区的李贵欣却做出了另外

的举动，他拿着一份行政诉状到石家庄市裕华区人民法院申请立案。

3月3日　大气污染治理

北京市环保局组织召开京津冀及周边地区大气污染联防联控工作座谈会，提出要建立区域重污染预警会商与应急响应机制，预测到将发生区域空气重污染时，积极会商、统一启动、联合应对。

3月7日　环境违法治理

在环保部下发《关于开展环境保护专项检查的紧急通知》的同时，全国多地立即启动各项环境违法监察并开出高额环境违法罚单。多位专家对记者表示，通过高额环境违法罚单的约束，企业或将进入高成本环境违法时代。

3月14日　饮用水水质

环保部发布了首个全国性的大规模研究结果。结果显示，我国有2.5亿居民的住宅区靠近重点排污企业和交通干道，2.8亿居民使用不安全饮用水。

3月14日　环保提案

全国政协十二届二次会议于2014年3月14日闭幕。会议期间，全国政协委员、政协各参加单位和各专门委员会积极建言献策。截至3月7日14时，共提交提案5875件。其中，围绕加强污染防治和生态建设共提出提案596件，涉及环境污染治理的提案204件。

3月17日　水资源保护

国家发改委牵头制定了《关于依托长江建设中国经济新支撑带指导意见》，长江流域将落实最严格水资源管理制度，明确长江水资源开发利用和用水效率控制红线，严格控制水资源过度开发。

3月17日　湿地保护

国家林业局印发《国际重要湿地生态特征变化预警方案（试行）》，中国将对国际重要湿地生态特征变化实行由低到高的黄色、橙色和红色三级预警。

3月25日　气候变化

英国利兹大学的研究人员通过研究气候模型和粮食产量发现，从 2030 年起，全球玉米、小麦和水稻的产量将随着气候变化而开始下降，且负面影响将大大早于预期。

3月28日　空气污染

世界卫生组织表示，空气污染已成为全世界最大的环境健康杀手。2012 年，死于空气污染的人数高达 700 万。

4月3日　碳排放权交易

中部首个碳排放权交易试点于 2014 年 4 月 2 日在武汉光谷产权所正式上线启动。此前，湖北已成功实施全国首个政府预留碳排放权配额竞价转让。湖北是继深圳、上海、北京、广东、天津之后第 6 个启动碳排放产权交易的试点省份。目前，湖北共有 138 家企业纳入碳排放配额管理，涉及电力、热力、钢铁等 12 个行业。2014 年，湖北碳排放配额总量共计 3.24 亿吨，仅次于广东。

4月11日　饮用水水质污染

从 4 月 11 日下午起，兰州市城区唯一的供水企业——兰州威立雅水务集团公司出厂水及自流沟水样被检测出苯含量严重超标。其中，下午 2 时苯检测值为 200 微克/升，是国家限值的 20 倍。兰州城区个别居民水龙头饮用水被检测出苯含量超标，当地政府称在 24 小时里自来水不宜饮用。针对污染源的排查尚在进行当中，当地已经明确黄河水未受污染。

4月17日　土壤污染

环保部和国土资源部发布《全国土壤污染状况调查公报》，就历时 8 年进行的全国性土壤污染情况对公众披露。公报显示，全国土壤总的点位超标率为 16.1%，其中耕地土壤点位超标率为 19.4%，林地土壤点位超标率为 10.0%，草地土壤点位超标率为 10.4%。南方土壤污染重于北方。

4月22日　地下水质

4 月 22 日国土资源部发布的《2013 中国国土资源公报》显示，在全国 203 个地市级行政 4778 个地下水水质监测点中，接近六成监测结果为较差

级和极差级。

4月22日 海洋保护

国家海洋局印发《国家海洋局关于批准建立盘锦鸳鸯沟国家级海洋公园等11个国家级海洋特别保护区（海洋公园）的通知》，新增11个国家级海洋特别保护区（海洋公园）。至此，我国已有国家级海洋特别保护区56处，总面积达6.9万平方公里，其中包括海洋公园30处。

4月23日 饮用水水质污染

4月23日下午，汉江武汉段水质出现氨氮超标，导致从这一河段取水的武汉白鹤嘴水厂和东西湖区余氏墩水厂出厂水水质氨氮超标，两大水厂分别于当晚16：34和19：30紧急停产。受污染自来水未进入管网，但部分地区水压下降。全市260平方公里面积停止供水，30多万居民、数百家食品加工企业用水受影响。

4月24日 新《环境保护法》通过

十二届全国人大常委会第八次会议审议通过《环境保护法（修订案）》。在20个月中，草案经历4次审议，最终定稿。这部法律增加了政府、企业各方面责任和处罚力度，被专家称为"史上最严的《环境保护法》"。

5月2日 环境污染责任险

企业发生环境污染事故，最终往往出现由政府埋单的局面，在辽宁省鞍山市将得到改变。从5月起，鞍山市对部分高环境风险企业实行环境污染强制责任保险试点，尝试借助市场手段来保护环境。

5月9日 水污染事件

2014年5月9日上午，江苏省靖江市因饮用水水源地水质异常停止供水，全市近70万人的生产、生活因此受影响，并引发了抢水潮。

5月21日 清洁能源

国家发改委5月21日发布首批80个基础设施等领域鼓励社会投资项目，其中有36个集中于清洁能源领域，仅太阳能发电领域分布式光伏示范区项目就多达30个。

5月28日 《环保税法》送审稿征求意见

国务院法制办就环境保护税法的送审稿征求有关部门意见。下一步将提请国务院审议,审议通过后再提请全国人大常委会审议。

5月25日 生态退化

目前我国农业环境问题非常突出,农业生态系统退化已经非常严重。近十年来湿地面积减少了340万公顷,全国土壤盐质化的面积达到了1.8亿亩,90%的天然草原出现不同程度的退化,北方草原的平均超载率也在36%,每年水土流失损失的耕地在100万亩左右。

6月4日 酸雨

全国城市环境空气质量形势严峻,酸雨分布区域主要集中在长江沿线及中下游以南,酸雨区面积约占国土面积的10.6%。

6月4日 海洋水质

2013年全国近岸海域水质总体一般。Ⅰ、Ⅱ类海水点位比例为66.4%,Ⅲ、Ⅳ类海水点位比例为15.0%,劣四类海水点位比例为18.6%。在四大海区中,黄海近岸海域和南海近岸海域水质良好,渤海近岸海域水质一般,东海近岸海域水质极差。

6月5日 空气质量

环保部发布《2013中国环境状况公报》显示,2013年,按新版《环境空气质量标准》,全国74个重点城市空气质量仅海口、舟山、拉萨3个城市达标,达标率仅4.1%。2013年全国平均霾日数为35.9天,比上年增18.3天,为1961年以来最多。

6月9日 环境信息公开

民间环保组织公布120个城市环境信息公开指数排名。取得的进步有:在线监测实时发布取得明显进展;更多城市日常监管信息发布较为系统。不足之处有:企业排放数据披露体系亟待建立;环评公众知情参与制度仍需完善。

6月17日 环保部开罚单

环保部开出史上最大罚单,19家企业因脱硫设施存在突出问题,被罚

脱硫电价款或追缴排污费合计 4.1 亿元。在上榜企业中，电力企业是重灾区，我国五大电力集团华能、国电、华电、大唐和中电投，都有下属子公司上榜。

6月17日 《环评报告》遭批评

环保部公开通报批评交通运输部水运科学研究所等 3 家环评机构。环保部认为，由交通运输部水运科学研究所主持编制的《锦州港专业化煤炭码头工程（变更）环境影响报告书》工程变更后的大气环境影响结论不可信。

7月3日 环境资源审判庭

为积极回应人民群众环境资源司法新期待，为生态文明建设提供坚强有力的司法保障，最高人民法院决定设立专门的环境资源审判庭。

7月10日 煤炭环境外部成本大，健康损失超3000亿元

《煤炭环境外部成本核算及内部化方案研究》报告指出，我国煤炭环境外部成本巨大，2010 年总成本为 5555.4 亿元，其中，大气污染造成人体健康损失和矿区职工健康损失最大，2010 年这两项共计 3051 亿元，占总环境外部成本的 55%。

7月10日 海洋生态破坏

首届联合国环境大会于内罗毕开幕，当天发布的两份报告指出，海洋里大量的塑料垃圾日益威胁到海洋生物的生存，保守估计每年给海洋生态系统造成的经济损失高达 130 亿美元。

7月11日 大气污染源清单

环保部网站公布了涉及城市扬尘源、道路机动车、生物质燃烧源等 5 类《大气污染物排放源的清单编制技术指南（试行）征求意见稿》，该指南将为日后编制大气污染源排放清单提供技术支持。

7月16日 排放污染企业受罚

由于享受脱硫电价补贴但脱硫设施不正常运行等问题，十家发电企业被各地价格主管部门重罚 5.19 亿元，涉及国电、华电等国有能源企业旗下电厂。

7月23日　环保举报案

环保部通报了 2014 年上半年环保部 "12369" 环保举报热线受理的群众举报案件处理情况。据介绍，2014 年上半年，"12369" 环保举报热线受理群众举报 696 件，八成环保举报案确存违法行为。

8月1日　大气污染治理

北京市强制使用 "京标煤"，也就是低硫煤。此举将有助于进一步改善北京空气质量。

8月4日　北京出台 "最严禁燃区" 方案　多种高污染燃料被禁用

北京市正式对外发布《北京市高污染燃料禁燃区划定方案（试行）》。原（散）煤、粉煤、燃料油、石油焦、可燃废物、直接燃用的生物质燃料等十余种高污染燃料种类被禁止在特定区域内使用。

8月4日　林业湿地保护

为促进湿地保护与恢复，推动生态文明建设，2014 年中央财政增加安排林业补助资金，支持启动了退耕还湿、湿地生态效益补偿试点和湿地保护奖励等工作。

8月5日　土壤修复

环保部组织起草《土壤环境保护法》，已经形成法律草案征求意见稿，征求了有关部门和地方意见。下一步将进一步加强土壤立法实地调研，积极完善法律草案，有序推进土壤立法工作。

8月22日　污染治理

为指导地方加强对污染场地土地流转、再开发利用及竣工验收等关键环节的环境监管，推动解决监管难点问题，环境保护部发布《关于开展污染场地环境监管试点工作的通知》。

9月2日　重金属污染治理

第二次重金属污染防治部际联席会议于 2014 年 9 月 2 日在北京召开。三年来，中央共安排 116 亿元人民币治理重金属污染，带动地方和企业投入 300 多亿元，淘汰铜冶炼、铅冶炼、锌冶炼等逾 500 万吨。

9月6日 环境污染

内蒙古自治区腾格里沙漠腹地部分地区出现排污池。当地企业将未经处理的废水排入排污池，让其自然蒸发。然后将黏稠的沉淀物，用铲车铲出，直接埋在沙漠里面。

9月13日 垃圾焚烧

广东省惠州博罗县部分群众因反对在该县建垃圾焚烧厂，自发上街表达诉求，引起了社会关注。此次引发关注的垃圾焚烧厂项目是惠州市生态环境园系列项目中的一个。

9月22日 物种保护

2014年9月，长江水产研究等多家研究单位确认，2013年，在葛洲坝下唯一的自然产卵场，中华鲟没有繁殖产卵。葛洲坝建成后的32年里，中华鲟野生种群不断衰减。

9月23日 气候谈判

2014年联合国气候峰会于9月23日晚在纽约联合国总部闭幕。联合国气候峰会是应对气候变化规模最大的一次国际会议，也是2015年巴黎气候大会之前最重要的一次会议。

10月9日 环境污染

2014中国矿业绿色发展交流会暨矿业经济转型高峰论坛公布，全国现有十多万座矿山，累计毁损土地386.8万公顷，影响地下含水层面积538万公顷，固体废弃物累计存量400亿吨，年排放废水超过47亿立方米。

10月10日 节能减排

为推动煤电节能减排升级与改造，能源局将科学制定电力发展规划，合理确定年度火电建设规模，并指导地方优化火电项目布局，对火电利用小时数过低（4500小时以下）的地区，要严格控制其年度火电建设规模。

10月11日 生态保护

四川省林业厅发布了《四川省林业推进生态文明建设规划纲要（2014～2020年)》，四川首次划定了林地和森林、湿地、沙区植被、物种四条生态红线。到2020年，全省林地面积不低于3.54亿亩，森林面积不低于

2.7亿亩，湿地面积不少于2500万亩，四川长江上游生态屏障全面建成。

10月17日 二氧化碳排放降低

根据《国家发展改革委关于印发〈单位国内生产总值二氧化碳排放降低目标责任考核评估办法〉的通知》要求，从10月14日起，发改委会同有关部门正式启动单位国内生产总值二氧化碳排放降低目标责任现场考核评估工作。

10月20日 大气污染防治

为贯彻落实《大气污染防治行动计划》，督促地方加强大气污染源环境监管，改善环境空气质量，保障冬季空气质量安全，环境保护部启动2014年冬季大气污染防治督查工作。

11月4日 环境污染第三方治理

国务院常务会议要求，推行环境污染第三方治理，推进政府向社会购买环境监测服务。排污企业与专业环境服务公司签订合同协议，通过付费购买污染减排服务，以实现达标排放的目的，并与环保监管部门共同对治理效果进行监督。

1月5日 大气污染控制

APEC会议期间，京津冀及周边地区的6省份启动了自北京奥运会以后最大力度的临时减排行动。环保部下派了16个督查组联合省市环保系统启动大规模督查行动，各地方政府及环保部门也均成立各类驻地督查组，每日进行督查。

11月7日 土壤修复

由环保部起草的"土壤污染防治法（建议稿）"基本形成，并于2014年年底上报给全国人大环境与资源保护委员会（以下称"环资委"），由环资委组织协调各方意见后，再上交至国务院法制办。

11月12日 中美气候变化联合声明

中、美两国发表联合声明：巴拉克·奥巴马承诺，到2025年美国将在2005年温室气体排放水平基础上减少26%~28%；习近平宣布，中国二氧化碳排放将在2030年前后达到峰值，同年非化石能源占一次能源比例将达

到 20%。

11月12日　APEC 蓝

中国环境监测总站的数据显示，除了 11 月 4 日 AQI（空气质量指数）为轻度污染外，11 月 1 日至 12 日，北京空气质量均为优良级别。11 月 7 日至 12 日正值 APEC 会期，人们将这样的蓝天称为"APEC 蓝"。

11月14日　土壤污染防治

我国 2014 年一系列针对土壤污染防治工作的法律法规编制工作进入尾声，《土壤污染防治法（草案）》已完成，并提交全国人大，另外，《土壤污染防治行动计划》也将很快提交国务院审议，有望在 2014 年底或 2015 年初出台。

11月17日　长江生态屏障

在国务院印发的《关于依托黄金水道推动长江经济带发展的指导意见》中，将"建设绿色生态廊道"作为重点任务之一。

12月1日　气候变化

《联合国气候变化框架公约》缔约方第二十次会议在秘鲁利马召开。利马会议将根据华沙会议的授权，围绕"细化协议要素""明确贡献信息""加强行动实施"三个核心议题展开磋商。

12月6日　环境污染

湖南省常德市桃源县从 2001 年开始，占地 2450 亩的晟通集团常德产业园（创元铝业）开工建设，铝产品粗加工等高污染高能耗项目陆续上马，造成当地生态环境严重污染，数位村民患癌死亡。农民背井离乡，成为环境移民。

12月8日　土壤污染

国家环保部、国土资源部发布《全国土壤污染调查公报》显示，全国土壤污染总的超标率为 16.1%，其中轻微、轻度、中度、重度污染点位分别为 12.1%、2.3%、1.5% 和 1.1%。我国适宜农业种植的一、二类土壤占 87.9%，存在潜在生态风险的占 12.1%，其中属中度、重度污染的土壤约占 3.0%。

12月18日　重金属污染

环境保护部公布《重金属污染综合防治"十二五"规划》2013 年度考核结果：截至 2013 年底，全国 5 种重点重金属污染物（铅、汞、镉、铬和类金属砷）排放总量比 2007 年下降 10.5%。

12月18日　耕地质量

农业部于 2014 年 12 月 17 日发布了《全国耕地质量等级情况公报》。这是我国首次将耕地分等定级。评价为一至三等的耕地面积为 4.98 亿亩，占耕地总面积的 27.3%。评价为四至六等的耕地面积为 8.18 亿亩，占耕地总面积的 44.8%。评价为七至十等的耕地面积为 5.10 亿亩，占耕地总面积的 27.9%。

12月19日　有机物污染源摸排工作

环保部发布的《石化行业挥发性有机物综合整治方案》提出，将研究制定挥发性有机物排污收费办法，率先在石化行业征收挥发性有机物排污费。

12月22日　《大气污染防治法》

第十二届全国人大常委会第十二次会议听取国务院关于提请审议《中华人民共和国大气污染防治法（修订草案）》（简称"修订草案"）议案的说明。重污染天气应对、行政处罚、排放总量控制和排污许可、重点领域和区域的大气污染防治等方面都有了新的规定。

12月25日　新《环境保护法》

新《环境保护法》于 2015 年 1 月 1 日起正式施行，新法除了建立按日计罚、对超标或超总量的行为直接限产或停产等多种处罚手段外，对未批先建、无证排污等四类行为，可以对主管人员和直接责任人员处以治安拘留，并赋予环保执法人员查封、扣押的权力。

附　　录

Appendices

·年度指标及年度排名·

G.21

2014 年度环境绿皮书年度指标[*]

——中国环境的变化趋势

第一主题　污染物排放总量

状况

2013 年，全国化学需氧量、氨氮、二氧化硫和氮氧化物均实现主要污染物总量减排年度目标。

废水中主要污染物

2013 年，化学需氧量排放总量为 2352.7 万吨，比上年下降 2.9%；氨氮排放总量为 245.7 万吨，比上年下降 3.1%。

---

[*] 数据来源：环境保护部《2014 中国环境状况公报》，2015 年 6 月 4 日。

表1　2013年全国废水中主要污染物排放量

单位：万吨

化学需氧量					氨氮				
排放总量	工业源	生活源	农业源	集中式	排放总量	工业源	生活源	农业源	集中式
2352.7	319.5	889.8	1125.7	17.7	245.7	24.6	141.4	77.9	1.8

废气中主要污染物

2013年，二氧化硫排放总量为2043.9万吨，比上年下降3.5%；氮氧化物排放总量为2227.3万吨，比上年下降4.7%。

固体废物

2013年，全国工业固体废物产生量为327701.9万吨，综合利用量（含利用往年储存量）为205916.3万吨，综合利用率为62.3%。

表2　2013年全国废气中主要污染物排放量

单位：万吨

二氧化硫				氮氧化物				
排放总量	工业源	生活源	集中式	排放总量	工业源	生活源	机动车	集中式
2043.9	1835.2	208.5	0.2	2227.3	1545.7	40.7	640.5	0.4

表3　2013年全国工业固体废物产生及利用情况

单位：万吨

产生量	综合利用量	储存量	处置量
327701.9	205916.3	42634.2	82969.5

第二主题　水

河流

在长江、黄河、珠江、松花江、淮河、海河、辽河、浙闽片河流、西北诸河和西南诸河十大流域的国控断面中，Ⅰ～Ⅲ类、Ⅳ～Ⅴ类和劣

V类水质断面比例分别为71.7%、19.3%和9.0%。与2012年相比，水质无明显变化。主要污染指标为化学需氧量、高锰酸盐指数和五日生化需氧量。

表4　2013年全国十大流域水质类别比较

单位：%

	长江	黄河	珠江	松花江	淮河	海河	辽河	浙闽片河流	西北诸河	西南诸河
Ⅰ、Ⅱ、Ⅲ类	89.4	58.1	94.4	55.7	59.6	39.1	45.5	86.7	98.0	100.0
Ⅳ、Ⅴ类	7.5	25.8	0.0	38.6	28.7	21.8	49.1	13.3	0.0	0.0
劣Ⅴ类	3.1	16.1	5.6	5.7	11.7	39.1	5.4	0.0	2.0	0.0

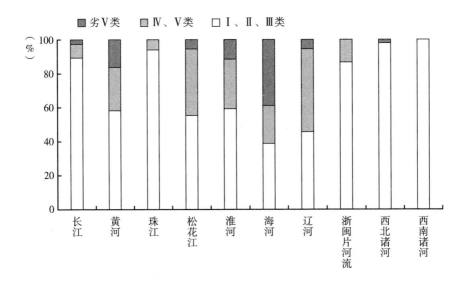

图1

湖泊（水库）

2013年，水质为优良、轻度污染、中度污染和重度污染的国控重点湖泊（水库）比例分别为60.7%、26.2%、1.6%和11.5%。与2012年相比，各级别水质的湖泊（水库）比例无明显变化。主要污染指标为总磷、化学需氧量和高锰酸盐指数。

表5　2013年重点湖泊（水库）水质状况

单位：个

湖泊(水库)类型	优	良好	轻度污染	中度污染	重度污染
三　湖*	0	0	2	0	1
重要湖泊	5	9	10	1	6
重要水库	12	11	4	0	0
总　　计	17	20	16	1	7

*指太湖、滇池和巢湖。

富营养、中营养和贫营养的湖泊（水库）比例分别为27.8%、57.4%和14.8%。

地下水

2013年，地下水环境质量的监测点总数为4778个，其中国家级监测点800个。水质优良的监测点比例为10.4%，良好的监测点比例为26.9%，较好的监测点比例为3.1%，较差的监测点比例为43.9%，极差的监测点比例为15.7%。主要超标指标为总硬度、铁、锰、溶解性总固体、"三氮"（亚硝酸盐、硝酸盐和氨氮）、硫酸盐、氟化物、氯化物等。

表6　2004～2013年国控重点湖泊（水库）水质情况

单位：%

年份/水类别	Ⅰ、Ⅱ、Ⅲ类	Ⅳ、Ⅴ类	劣Ⅴ类
2004	26.0	37.0	37.0
2005	28.0	29.0	43.0
2006	29.0	23.0	48.0
2007	49.9	26.5	23.6
2008	21.4	39.3	39.3
2009	23.1	42.3	34.6
2010	23.0	38.5	38.5
2011	42.3	50.0	7.7
2012	61.3	27.4	11.3
2013	60.7	27.8	11.5

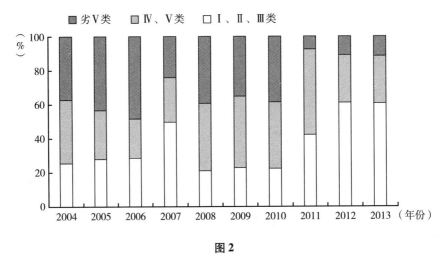

图2

与2012年相比，有连续监测数据的地下水水质监测点总数为4196个，分布在185个城市，水质综合变化以稳定为主。其中，水质变好的监测点比例为15.4%，稳定的监测点比例为66.6%，变差的监测点比例为18.0%。

重点水利工程

三峡库区长江干流水质良好，3个国控断面均为Ⅲ类水质。一级支流总氮和总磷超标断面比例分别为90.7%和77.9%。支流水体综合营养状态指数范围为28.8～73.0，富营养的断面占监测断面总数的26.6%。支流水体优势种主要为硅藻门的小环藻，蓝藻门的颤藻、微囊藻，甲藻门的多甲藻和隐藻门的隐藻等。

南水北调（东线） 长江取水口夹江三江营断面为Ⅲ类水质。输水干线京杭运河里运河段、宝应运河段、宿迁运河段、鲁南运河段、韩庄运河段和梁济运河段水质均为良好。与2012年相比，梁济运河段水质有所好转，其他河段无明显变化。

洪泽湖湖体为中度污染，主要污染指标为总磷，营养状态为轻度富营养。骆马湖、南四湖和东平湖湖体水质良好，营养状态为中营养。汇入骆马湖的沂河水质良好。汇入南四湖的11条河流中，洙赵新河为轻度污染，主要污染指标为化学需氧量和石油类，其他河流水质良好。汇入东平湖的大汶河水质良好。

南水北调（中线）取水口陶岔断面为Ⅱ类水质。丹江口水库水质为优，营养状态为中营养。入丹江口水库的9条支流水质均为优良。与2012年相比，天河、官山河和老灌河水质有所下降，其他河流无明显变化。

海洋

状况

2013年，中国海域海水环境状况总体较好，近岸海域水质一般。

全海海域

2013年，中国全海海域海水环境状况总体较好，符合第一类海水水质标准的海域面积约占全国海域面积的95%。

近岸海域

2013年，全国近岸海域水质一般。Ⅰ、Ⅱ类海水点位比例为66.4%，比上年下降3.0个百分点；Ⅲ、Ⅳ类海水点位比例为15.0%，比上年上升3.0个百分点；劣Ⅳ类海水点位比例为18.6%，与上年持平。主要污染指标为无机氮和活性磷酸盐。

渤海近岸海域水质一般。Ⅰ、Ⅱ类海水点位比例为63.2%，比上年下降4.1个百分点；Ⅲ、Ⅳ类海水点位比例为30.7%，比上年上升10.2个百分点；劣Ⅳ类海水点位比例为6.1%，比上年下降6.1个百分点。主要污染指标为无机氮、铅和镍。

黄海近岸海域水质良好。Ⅰ、Ⅱ类海水点位比例为85.2%，比上年下降1.8个百分点；Ⅲ、Ⅳ类海水点位比例为14.8%，比上年上升1.8个百分点；无劣Ⅳ类海水点位，与上年相同。主要污染指标为无机氮和石油类。

东海近岸海域水质极差。Ⅰ、Ⅱ类海水点位比例为30.5%，比上年下降7.4个百分点；Ⅲ、Ⅳ类海水点位比例为20.0%，比上年上升4.2个百分点；劣Ⅳ类海水点位比例为49.5%，比上年上升3.2个百分点。主要污染指标为无机氮、活性磷酸盐和生化需氧量。

南海近岸海域水质良好。Ⅰ、Ⅱ类海水点位比例为91.3%，比上年上升1.0个百分点；Ⅲ、Ⅳ类海水点位比例为2.9%，比上年下降1.0个百分

点；劣Ⅳ类海水点位比例为 5.8%，与上年持平。主要污染指标为无机氮、活性磷酸盐和 pH 值。

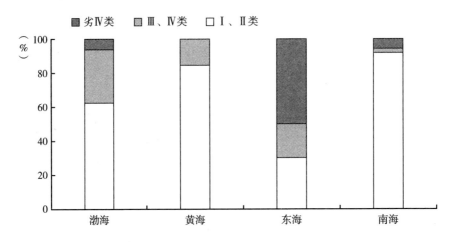

图 3 2013 年近海海域水质比较

重要海湾 在 9 个重要海湾中，北部湾水质优，黄河口水质良好，辽东湾、渤海湾和胶州湾水质差，长江口、杭州湾、闽江口和珠江口水质极差。与 2012 年相比，北部湾和渤海湾水质变好，黄河口和闽江口水质变差，其他海湾水质基本稳定。

陆源污染物 2013 年，监测了 423 个日排污水量大于 100 立方米的直排海工业污染源、生活污染源和综合排污口，污水排放总量约为 63.84 亿吨。化学需氧量排放总量为 22.1 万吨，石油类为 1636 吨，氨氮为 1.69 万吨，总磷为 2841 吨，汞为 213 千克，六价铬为 1908 千克，铅为 7681 千克，镉为 392 千克。

表 7 2013 年四大海区受纳污染物情况

海区/项目	废水量（亿吨）	化学需氧量（万吨）	石油类（吨）	氨氮（万吨）	总磷（吨）
渤海	2.06	1.2	36.2	0.2	180.4
黄海	11.04	5.5	235.8	0.4	662.0
东海	37.45	11.9	861.6	0.8	1046.9
南海	13.29	3.5	501.9	0.4	951.8

第三主题　城市环境

空气质量

74个新标准第一阶段监测实施城市　2013年，京津冀、长三角、珠三角等重点区域及直辖市、省会城市和计划单列市共74个城市按照新标准开展监测，依据《环境空气质量标准》（GB3095－2012）对 SO_2、NO_2、PM10、PM2.5年均值，CO日均值和 O_3 日最大8小时均值进行评价，74个城市中仅海口、舟山和拉萨3个城市空气质量达标，占4.1%；超标城市比例为95.9%。空气质量相对较好的前10位城市是海口、舟山、拉萨、福州、惠州、珠海、深圳、厦门、丽水和贵阳，空气质量相对较差的前10位城市是邢台、石家庄、邯郸、唐山、保定、济南、衡水、西安、廊坊和郑州。

74个城市平均达标天数比例为60.5%，平均超标天数比例为39.5%。10个城市达标天数比例介于80%～100%，47个城市达标天数比例介于50%～80%，17个城市达标天数比例低于50%。

三大重点区域　2013年，京津冀和珠三角区域所有城市均未达标，长三角区域仅舟山六项污染物全部达标。

表8　2013年重点区域各项污染物达标城市数量

单位：个

区域	城市总数	SO_2	NO_2	PM10	CO	O_3	PM2.5	综合达标
京津冀	13	7	3	0	6	8	0	0
长三角	25	25	10	2	25	21	1	1
珠三角	9	9	5	5	9	4	0	0

2013年，京津冀区域13个地级及以上城市达标天数比例范围为10.4%～79.2%，平均为37.5%；超标天数中，重度及以上污染天数比例为

 环境绿皮书

20.7%。有 10 个城市达标天数比例低于 50%。在京津冀地区超标天数中，以 PM2.5 为首要污染物的天数最多，占 66.6%；其次是 PM10 和 O₃，分别占 25.2% 和 7.6%。

2013 年，长三角区域 25 个地级及以上城市达标天数比例范围为 52.7%～89.6%，平均为 64.2%。超标天数中，重度及以上污染天数比例为 5.9%。舟山和丽水 2 个城市空气质量达标天数比例介于 80%～100%，其他 23 个城市达标天数比例介于 50%～80%。在长三角地区超标天数中，以 PM2.5 为首要污染物的天数最多，占 80.0%；其次是 O₃ 和 PM10，分别占 13.9% 和 5.8%。

2013 年，珠三角区域 9 个地级及以上城市空气质量达标天数比例范围为 67.7%～94.0%，平均为 76.3%。超标天数中，重度污染天数比例为 0.3%。深圳、珠海和惠州的达标天数比例在 80% 以上，其他城市达标天数比例介于 50%～80%。在珠三角地区超标天数中，以 PM2.5 为首要污染物的天数最多，占 63.2%；其次是 O₃ 和 NO₂，分别占 31.9% 和 4.8%。

灰霾

中国气象局基于能见度的观测结果表明，2013 年全国平均霾日数为 35.9 天，比 2012 年增加 18.3 天，为 1961 年以来最多。中东部地区雾和霾天气多发，华北中南部至江南北部的大部分地区雾和霾日数范围为 50～100 天，部分地区超过 100 天。

环境保护部基于空气质量的监测结果表明，2013 年 1 月和 12 月，中国中东部地区发生了 2 次较大范围区域性灰霾污染。两次灰霾污染过程均呈现污染范围广、持续时间长、污染程度严重、污染物浓度累积迅速等特点，且污染过程中的首要污染物均以 PM2.5 为主。其中，1 月的灰霾污染过程接连出现 17 天，造成 74 个城市发生 677 天次的重度及以上污染天气，其中重度污染 477 天次，严重污染 200 天次。污染较重的区域主要为京津冀及周边地区，特别是河北南部地区，石家庄、邢台等为污染最重城市。12 月 1 日至 9

日，中东部地区集中发生了严重的灰霾污染过程，造成 74 个城市发生 271 天次的重度及以上污染天气，其中重度污染 160 天次，严重污染 111 天次。污染较重的区域主要为长三角区域、京津冀及周边地区和东北部分地区，长三角区域为污染最重地区。

2013 年，256 个尚未执行新标准的其他地级及以上城市，依据《环境空气质量标准》（GB 3095 - 1996）对 SO_2、NO_2 和 PM10 三项污染物年均值进行评价，256 个城市环境空气质量达标城市比例为 69.5%。SO_2 年均浓度达标城市比例为 91.8%，劣三级城市比例为 1.2%；NO_2 年均浓度均达标，其中达到一级标准的城市比例为 86.3%；PM10 年均浓度达标城市比例为 71.1%，劣三级城市比例为 7.0%。

酸雨

酸雨频率 2013 年，在 473 个监测降水的城市中，出现酸雨的城市比例为 44.4%，酸雨频率在 25% 以上的城市比例为 27.5%，酸雨频率在 75% 以上的城市比例为 9.1%。

降水酸度 2013 年，降水 pH 年均值低于 5.6（酸雨）、低于 5.0（较重酸雨）和低于 4.5（重酸雨）的城市比例分别为 29.6%、15.4% 和 2.5%。与上年相比，酸雨、较重酸雨和重酸雨的城市比例分别下降 1.1 个百分点、3.3 个百分点和 2.9 个百分点。

2013 年，全国酸雨分布区域集中在长江沿线及中下游以南，主要包括江西、福建、湖南、重庆的大部分地区，以及长三角、珠三角和四川东南部地区。酸雨区面积约占国土面积的 10.6%。

声环境

区域声环境

地级及以上城市 2013 年，316 个进行昼间监测的城市中，区域声环境质量为一级和二级的城市比例为 76.9%，三级的城市比例为 22.8%，五级的城市比例为 0.3%，无四级城市。与 2012 年相比，城市区域声环境质量二级的

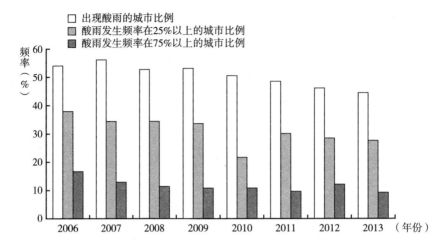

图4 2006～2013年全国酸雨发生情况

城市比例下降1.8个百分点，三级的城市比例上升2.5个百分点，其他级别的城市比例无明显变化。

在293个进行夜间监测的城市中，区域声环境质量为一级和二级的城市比例为48.5%，三级和四级的城市比例为51.5%，无五级城市。

环保重点城市 2013年，113个城市进行了昼间监测，区域声环境等效声级范围为47.7～58.7 dB（A）。区域声环境质量为一级和二级的城市比例为74.4%，三级的城市比例为25.6%，无四级城市和五级城市。

110个城市进行了夜间监测，区域声环境等效声级范围为39.2～50.4dB（A）。区域声环境质量为一级和二级的城市比例为36.4%，三级和四级的城市比例为63.6%，无五级城市。

城市功能区声环境

2013年，地级及以上城市各类功能区共监测17696点次，昼间、夜间各8848点次。各类功能区昼间达标点次比例为91.1%，与上年持平；夜间达标点次比例为71.7%，比上年上升2.1个百分点。

环保重点城市各类功能区共监测8668点次，昼间、夜间各4334点次。各类功能区昼间达标点次比例为90.7%，夜间达标点次比例为67.9%。

表9　2013 年地级及以上城市各类功能区达标情况

功能区类别	0 类		1 类		2 类		3 类		4 类	
	昼	夜	昼	夜	昼	夜	昼	夜	昼	夜
达标点次	68	48	1838	1502	2556	2278	1677	1517	1923	997
监测点次	103	103	2112	2112	2816	2816	1724	1724	2093	2093
达标率(%)	66	46.6	87	71.1	90.8	80.9	97.3	88	91.9	47.6

表10　2013 年环保重点城市各类功能区达标情况

功能区类别	0 类		1 类		2 类		3 类		4 类	
	昼	夜	昼	夜	昼	夜	昼	夜	昼	夜
达标点次	36	26	792	626	1337	1148	859	757	907	387
监测点次	64	64	899	899	1463	1463	879	879	1029	1029
达标率(%)	56.3	40.6	88.1	69.6	91.4	78.5	97.7	86.1	88.1	37.6

第四主题　土地与农村环境

状况

耕地质量问题凸显，区域性退化问题较为严重，农村环境形势依然
严峻。

土地资源及耕地

根据第二次全国土地调查，截至 2012 年底，全国共有农用地 64646.56
万公顷，其中耕地 13515.85 万公顷、林地 25339.69 万公顷、牧草地
21956.53 万公顷；建设用地 3690.70 万公顷，其中城镇村及工矿用地
3019.92 万公顷。

2012 年，全国因建设占用、灾毁、生态退耕等原因减少耕地面积 40.20
万公顷，通过土地整治、农业结构调整等增加耕地面积 32.18 万公顷，年内
净减少耕地面积 8.02 万公顷。

水土流失

根据第一次全国水利普查水土保持普查成果，中国现有土壤侵蚀总面积294.91 万平方千米，占国土面积的 30.72%。其中，水力侵蚀 129.32 万平方千米，风力侵蚀 165.59 万平方千米。

第五主题　自然生态环境

状况

全国生态环境质量总体稳定。

生态环境质量

2012 年，全国生态环境质量"一般"。在 2461 个县域中，"优""良""一般""较差"和"差"的县域分别有 346 个、1155 个、846 个、112 个和 2 个。生态环境质量以"良"和"一般"为主，约占国土面积的 67.2%。

生态环境质量"优"和"良"的县域主要分布在秦岭淮河以南及东北的大、小兴安岭和长白山地区，"一般"的县域主要分布在华北平原、东北平原西部、内蒙古中部和青藏高原，"较差"和"差"的县域主要分布在西北地区。

生物多样性

在生态系统多样性方面，中国具有地球陆地生态系统的各种类型，其中森林类型 212 类、竹林 36 类、灌丛类型 113 类、草甸 77 类、荒漠 52 类。中国淡水水域生态系统复杂，湿地有近海与海岸湿地、河流湿地、湖泊湿地、沼泽湿地和人工湿地 5 类，近海有黄海流域、东海流域、南海流域和黑潮流域 4 个大海洋生态系统，近岸海域分布着滨海湿地、红树林、珊瑚礁、河口、海湾、潟湖、岛屿、上升流、海草床等典型海洋生态系统，以及海底古森林、海蚀与海积地貌等自然景观和自然遗迹。在人工生态系统方面，主要有农田生态系统、人工林生态系统、人工湿地生态系统、人工草地生态系统和城市生态系统等。

在物种多样性方面，中国拥有高等植物 34792 种，其中苔藓植物 2572 种、蕨类 2273 种、裸子植物 244 种、被子植物 29703 种。此外，中国几乎拥有温带的全部木本属。中国约有脊椎动物 7516 种，其中哺乳类 562 种、鸟类 1269 种、爬行类 403 种、两栖类 346 种、鱼类 4936 种。列入国家重点保护野生动物名录的珍稀濒危野生动物共 420 种，大熊猫、朱鹮、金丝猴、华南虎、扬子鳄等数百种动物为中国所特有。中国已查明真菌种类 10000 多种。

在遗传资源多样性方面，中国栽培作物有 528 类 1339 个栽培种，经济树种达 1000 种，中国原产的观赏植物种类达 7000 种，家养动物 576 个品种。

自然保护区

截至 2013 年底，全国共建立各种类型、不同级别的自然保护区 2697 个，总面积约 14631 万公顷。其中陆域面积 14175 万公顷，占全国陆地面积的 14.77%。国家级自然保护区有 407 个，面积约 9404 万公顷。

表 11

类型	数量		面积	
	总数量(个)	占总数(%)	总面积(万公顷)	占总面积(%)
自然生态系统类	1906	70.67	10385.07	70.98
森林生态系统类型	1410	52.28	3013.32	20.60
草原与草甸生态系统类型	45	1.67	216.52	1.48
荒漠生态系统类型	37	1.37	4087.23	27.94
内陆湿地和水域生态系统	344	12.75	2991.25	20.44
海洋与海岸生态系统类型	70	2.60	76.75	0.52
野生生物类	672	24.92	4084.65	27.92
野生动物类型	525	19.47	3891.44	26.60
野生植物类型	147	5.45	193.22	1.32
自然遗迹类	119	4.41	161.26	1.10
地质遗迹类型	85	3.15	106.10	0.73
古生物遗迹类型	34	1.26	55.16	0.38
合　计	2697	100	14630.98	100

湿地

2013 年，实施湿地保护工程 59 个，安排中央财政湿地保护补助资金项

目 122 个。新指定 5 处国际重要湿地，中国国际重要湿地总数达到 46 个。新批国家湿地公园（试点）131 处，新增湿地保护面积 30 万公顷。

外来入侵物种

目前中国有约 500 种外来入侵物种。近十年，新入侵中国的恶性外来物种有 20 多种，常年大面积发生危害的物种有 100 多种。互花米草沿中国大陆海岸线分布面积为 35995.2 公顷。

森林环境

状况

全国森林资源进入了数量增长、质量提升的稳步发展时期。

森林资源

根据第八次全国森林资源清查（2009～2013 年）结果，全国森林面积 2.08 亿公顷，森林覆盖率 21.63%，活立木总蓄积 164.33 亿立方米，森林蓄积 151.37 亿立方米。森林面积列世界第 5 位，森林蓄积列世界第 6 位，人工林面积居世界首位。与第七次全国森林资源清查（2004～2008 年）相比，森林面积增加 1223 万公顷，森林覆盖率增长 1.27 个百分点，活立木总蓄积和森林蓄积分别净增 15.20 亿立方米和 14.16 亿立方米。随着森林总量增加、结构改善和质量提高，森林生态功能进一步增强。全国森林植被总生物量 170.02 亿吨，总碳储量达 84.27 亿吨；年涵养水源量 5807.09 亿立方米，年固土量 81.91 亿吨，年保肥量 4.30 亿吨，年吸收污染物量 0.38 亿吨，年滞尘量 58.45 亿吨。

森林生物灾害

2013 年，全国主要林业有害生物防治面积 720.5 万公顷，主要林业有害生物成灾率控制在 5‰以下，无公害防治率达 85%，松材线虫病、美国白蛾等重大林业有害生物危害得到控制。

草原环境

状况

草原资源

2013 年，全国草原面积近 4 亿公顷，约占国土面积的 41.7%。西部 12 个省（区、市）草原面积为 3.31 亿公顷，占全国草原面积的 84.2%。内蒙古、新疆、西藏、青海、甘肃和四川六大牧区省份草原面积共 2.93 亿公顷，约占全国草原面积的 75.0%。南方地区草原以草山、草坡为主，大多分布在山地和丘陵，面积约 0.67 亿公顷。

草原生产力

2013 年，全国天然草原鲜草总产量达 105581.21 万吨，比上年增加 0.59%，折合干草约 32542.92 万吨。载畜能力约为 25579.20 万羊单位，比上年增加 0.48%。全国 23 个重点省（区、市）鲜草总产量达 98333.37 万吨，占全国总产量的 93.14%，较上年增加 0.41%，折合干草约 30781.70 万吨，较上年增加 0.41%，载畜能力约为 24204.09 万羊单位，较上年增加 0.45%。

草原灾害

2013 年，全国共发生草原火灾 90 起，其中一般草原火灾 76 起、较大草原火灾 13 起，重大草原火灾 1 起。受害草原面积 35077.3 公顷，经济损失 759 万元，受伤 1 人，无牲畜损失。与上年相比，全国草原火灾次数减少 20 起，其中减少较大火灾 4 起、重大火灾 2 起、特大火灾 2 起；受害草原面积下降 72.4%。全国草原鼠害危害面积为 3695.5 万公顷，约占全国草原总面积的 9.2%，与上年基本持平。全国草原虫害危害面积为 1530.6 万公顷，占全国草原总面积的 3.8%，比上年减少 12.0%。

第七主题　能源状况

状况

2013 年，全国能源形势总体平稳，供需稳定。

生产情况

2013 年，能源生产总量 34.0 亿吨标准煤，比上年增长 2.4%。其中，原煤产量 36.8 亿吨，比上年增长 0.8%；原油产量 2.1 亿吨，比上年增长

1.8%；天然气产量1170.5亿立方米，比上年增长9.4%；发电量5.39万亿
千瓦小时，比上年增长7.5%。煤炭进口量3.27亿吨，比上年增长13.4%；
原油进口量2.82亿吨，比上年增长4.0%；成品油进口3959万吨，比上
年下降0.6%。

表12 2013年一次能源生产量及增长速度

产品名称	单位	产量	比上年增长（%）
一次能源生产总量	亿吨标准煤	34.0	2.4
原煤	亿吨	36.8	0.8
原油	亿吨	2.1	1.8
天然气	亿立方米	1170.5	9.4
发电量	亿千瓦小时	53975.9	7.5
其中:火电	亿千瓦小时	42358.7	7.0
水电	亿千瓦小时	9116.4	5.6
核电	亿千瓦小时	1106.3	13.6

消费情况

经初步核算，2013年全国能源消费总量为37.5亿吨标准煤，比上年增
长3.7%。其中，煤炭消费量增长3.7%，原油消费量增长3.4%，天然气消
费量增长13.0%，电力消费量增长7.5%。全国万元国内生产总值能耗下降
3.7%。

2014 年度全国省会及
直辖市城市空气质量排名

排　名	城　市	年度平均值	2013 年排名
1	海　口	2.44	1
2	拉　萨	3.23	3
3	福　州	3.94	2
4	昆　明	4.18	4
5	贵　阳	4.32	5
6	南　宁	4.64	6
7	上　海	4.89	8
8	南　昌	5.00	12
9	广　州	5.08	7
10	重　庆	5.56	9
11	长　沙	5.75	15
12	合　肥	5.95	13
13	杭　州	5.95	14
14	西　宁	6.03	17
15	呼和浩特	6.09	18
16	银　川	6.19	11
17	兰　州	6.22	10
18	乌鲁木齐	6.25	23
19	长　春	6.41	16
20	哈尔滨	6.59	19
21	成　都	6.81	22
22	武　汉	6.84	21
23	南　京	6.88	20
24	太　原	7.15	25

续表

排　名	城　　市	年度平均值	2013 年排名
25	西　　安	7.27	29
26	北　　京	7.55	26
27	沈　　阳	7.68	24
28	天　　津	7.68	27
29	郑　　州	7.79	28
30	济　　南	8.98	30
31	石　家　庄	10.54	31

注：台湾除外。

数据来源：中国环境监测总站京津冀、长三角、珠三角区域及直辖市、省会城市和计划单列市空气质量报告。http：//www.cnemc.cn/publish/totalWebSite/0666/newList_1.html。

自 2013 年 1 月 1 日起，各直辖市、省会城市、计划单列市和京津冀、长三角、珠三角区域内的地级以上城市共 74 个城市，开始执行新的《环境空气质量标准》（GB 3095 - 2012），并按《环境空气质量指数（AQI）技术规定（试行）》（HJ 633 - 2012）发布环境空气质量指数（AQI）。

空气质量指数（Air Quality Index，AQI）是定量描述空气质量状况的指数，其数值越大，说明空气污染状况越严重，对人体健康的危害也就越大。AQI 共分六级：一级优，二级良，三级轻度污染，四级中度污染，五级重度污染，六级严重污染。当 PM2.5 日均值浓度达到 150 微克/立方米时，AQI 即达到 200；当 PM2.5 日均浓度达到 250 微克/立方米时，AQI 即达到 300；PM2.5 日均浓度达到 500 微克/立方米时，对应的 AQI 指数达到 500。

本表排名的数据为环境空气质量综合指数，是描述城市空气质量综合状况的无量纲指数，它综合考虑了细颗粒物（PM2.5）、可吸入颗粒物（PM10）、二氧化硫（SO_2）、二氧化氮（NO_2）、臭氧（O_3）、一氧化碳（CO）六项污染物的污染程度。环境空气质量综合指数越大，表明综合污染程度越高，计算时首先计算每项污染物的单项指数，然后将六项污染物的单项指数相加，即得到环境空气质量综合指数。

G.23

2014 年度国家新颁布的环境
保护相关法律法规列表

表1 行政法规

法律名称	颁布机关	颁布及生效时间
《南水北调工程供用水管理条例》	中华人民共和国国务院	2014 年 2 月 16 日公布,自公布之日起施行
《中华人民共和国环境保护法（2014 修订）》	全国人大常委会	2014 年 4 月 24 日公布,2015 年 1 月 1 日施行
《国务院关于修改部分行政法规的决定》	中华人民共和国国务院	2014 年 7 月 29 日公布,自公布之日起施行

表2 部门规章

法律名称	颁布机关	颁布及生效时间
《国务院办公厅关于加强环境监管执法的通知》	国务院办公厅	2014 年 11 月 12 日公布,自公布之日起施行
《国务院办公厅关于改善农村人居环境的指导意见》	国务院办公厅	2014 年 5 月 16 日公布,自公布之日起施行

表3 法规性文件

法律名称	颁布机关	颁布及生效时间
《环境保护部办公厅、住房和城乡建设部办公厅关于印发〈水体污染控制与治理科技重大专项档案管理规定（试行）〉的通知》	环境保护部/住房和城乡建设部	2014 年 1 月 10 日公布,自公布之日起施行
《环境保护部办公厅关于落实大气污染防治行动计划严格环境影响评价准入的通知》	环境保护部	2014 年 3 月 25 日公布,自公布之日起施行

续表

法律名称	颁布机关	颁布及生效时间
《环境保护部办公厅关于发布〈重点环境管理危险化学品目录〉的通知》	环境保护部	2014 年 4 月 3 日公布,自公布之日起施行
《环境保护部办公厅关于加强重点湖泊蓝藻水华防控工作的通知》	环境保护部	2014 年 6 月 27 日公布,自公布之日起施行
《国家发展和改革委员会、财政部、环境保护部关于调整排污费征收标准等有关问题的通知》	财政部/环境保护/国家发展和改革委员会(含原国家发展计划委员会、原国家计划委员会)	2014 年 9 月 1 日公布,自公布之日起施行
《国家发展改革委、环境保护部、国家能源局关于印发〈煤电节能减排升级与改造行动计划(2014～2020年)〉的通知》	环境保护部/国家发展和改革委员会(含原国家发展计划委员会、原国家计划委员会)/国家能源局	2014 年 9 月 12 日公布,自公布之日起施行
《环境保护部、国家发展和改革委员会、公安部等六部门关于印发〈2014年黄标车及老旧车淘汰工作实施方案〉的通知》	公安部/环境保护部/国家发展和改革委员会(含原国家发展计划委员会、原国家计划委员会)	2014 年 9 月 15 日公布,自公布之日起施行
《环境保护部办公厅、公安部办公厅关于做好易制毒化学品生产使用环境监管及无害化销毁工作的通知》	公安部/环境保护部	2014 年 10 月 17 日公布,自公布之日起施行
《环境保护部、教育部、科学技术部等关于加强对外合作与交流中生物遗传资源利用与惠益分享管理的通知》	教育部/科学技术部/环境保护部	2014 年 10 月 28 日公布,自公布之日起施行
《环境保护部办公厅关于印发江河湖泊生态环境保护系列技术指南的通知》	环境保护部	2014 年 12 月 23 日公布,自公布之日起施行
《环境保护部办公厅关于印发〈2015年国家重点监控企业名单〉的通知》	环境保护部	2014 年 12 月 31 日公布,自公布之日起施行

G.24

呼吁北京市小学取消
"强制包书皮"的建议信

自然之友是一家民间环保组织，我们关注城市固废问题，希望能推动城市垃圾减量、资源节约以及资源的再利用。自然之友调查发现，目前北京市各小学普遍存在"教师强制要求学生包书皮"的情况，不仅给家长增加许多负担，也造成了资源的严重浪费。因此，自然之友呼吁北京市小学取消"强制包书皮"的相关规定和要求。

2014年初，自然之友面向北京市小学生家长，在网上发起"强制包书皮现象"问卷调查。此调查总计收到97份家长反馈，涉及8个城区的62所小学，其中约九成学校强制要求学生包书皮。在这62所小学中，有约三成学校要求学生"包塑料成品书皮"；一成学校要求"包白纸书皮"；更有三成五的学校要求"里面包白纸书皮、外面包塑料成品书皮"，即每本书需要包两层书皮；另有一成半的学校不限定书皮材料；而不要求包书皮的学校只有7所（其中2所为昌平区的私立学校），仅占调查数据中的一成。

在要求购买成品书皮的学校中，约一半的老师还要求学生"每学期更换新书皮"、"污损后更换新书皮"，理由是"整齐、美观、统一、卫生"。因此，绝大部分家长需为孩子购买大量成品书皮，每学期花费10~30元不等。

对此类强制规定，家长们普遍持反对态度，觉得不仅增加了经济负担，更造成了巨大的资源浪费，很不环保；尤其是"双层书皮"规定，极不合理；家长们希望学校老师允许家长和学生自由选择，尊重学生的自主权利。

我们通过计算可知：如果学校都强制规定包成品书皮且每学期更换，以

每人每学期至少15个书皮估算（6本书＋9个作业本），即使不计算"双层书皮"的情况，一个学生上完六年小学总计将消耗180个书皮。目前，北京市约有80万名在校小学生，按上述估算，全市小学生每年约使用2400万个书皮。耗费的资源数量惊人！而且，成品书皮大部分是塑料的，如果每学期用后即丢弃，将会成为难以降解的垃圾，污染环境。

鉴于此，自然之友特在秋季新学期即将开始之际，向北京市教育部门及各小学负责人、班主任老师公开呼吁：

一、希望教育从业者转变思维，从追求"整齐、统一、美观"转向注重"节俭、环保、实用"，从"习惯强制规定"转向"尊重学生、家长的自由选择权"，将是否包书皮以及选择书皮材料的决定权交还给学生，不再做统一硬性规定。

二、应强调塑料成品书皮"可重复使用"的特点。希望学校老师不再强制要求每学期更换新书皮，而是教育学生通过爱护书本、日常清洁等方式，尽量重复使用成品书皮，延长其使用寿命。

三、希望学校老师在包书皮这件"小事"上，以更灵活的形式，兼顾对学生爱护书籍的习惯、环保意识、动手能力等方面的培养和教育。在问卷调查中，超过六成的家长表示，"旧物利用，避免浪费，节约环保"是他们选择书皮时首要考虑的因素，"有利于对孩子的教育"。传统的废旧纸张包书皮是他们的首选方式。

小学，是孩子们人生观形成、生活习惯养成的重要阶段，而"惜物、节俭、环保"的理念，理应体现在小学教育中。我们认为，深入人心的教育方式不是口号式的、概念化的生硬灌输，而应该是日常生活中潜移默化的影响。希望北京市教育工作者能从包书皮这件小事开始，从改变自己的观念和行为开始，和孩子们一起行动，携手成长，关注环保，共创美好未来。

自然之友

2014年8月21日

自然之友关于《大气污染防治法(修订草案征求意见稿)》的修改建议

尊敬的国务院法制办：

我们是北京的一家环保组织——自然之友，一直以来都很关注大气污染问题的解决，近日我们获悉《大气污染防治法》修改正在面向社会公开征求意见，我们感到非常高兴，并希望能以我们实际的行动经验为此次修法贡献绵薄之力。

我们仔细读了征求意见稿，认为整体上来说该征求意见稿还有许多有待完善的地方。空气污染是个复杂的问题，制定《大气污染防治法》要综合考虑各种复杂的情况，建议要广泛听取各相关领域专家和公众的意见，充分论证，对症下药，明确政府的责任，运用市场的手段，重视社会的监督，制定一部能够得到有效执行并真正解决现实大气污染防治面临问题的法律。

从具体内容来说，首先，该征求意见稿在信息公开和公众参与方面的规定还很不充分。今年4月审议通过的《环境保护法》设专章规定"信息公开和公众参与"，并在该章第一条规定"公民、法人和其他组织依法享有获取环境信息、参与和监督环境保护的权利"。作为大气污染领域的单项立法，《大气法》应该与新《环保法》保持一致，设专章，详细全面地规定在大气污染领域的信息公开和公众参与的内容，参照新《环保法》，在该章中建议具体包括如下内容：

1. 公民、法人和其他组织依法享有获取与大气污染相关的环境信息、参与和监督大气环境保护的权利。

2. 各级人民政府大气环境保护主管部门和其他负有环境保护监督管理职责的部门，应当依法公开环境信息、完善公众参与程序，为公民、法人和

其他组织参与和监督环境保护提供便利。

3. 大气污染重点排污单位应当如实向社会公开其主要污染物的名称、排放方式、排放浓度和总量、超标排放情况，以及防治污染设施的建设和运行情况，接受社会监督。

我们认为，向社会实时公开排放信息，是督促企业合法排污的重要社会监督手段。因此，我们建议，《大气法》应与《环保法》保持一致，规定重点排污企业有向社会公开实时排放信息、接受社会监督的义务。

4. 对依法编制环境影响报告书的建设项目，建设单位应当在编制时向可能受影响的公众说明情况，充分征求意见，并对公众的意见做出回应，对于不采纳的意见要说明理由。

5. 负责审批建设项目环境影响评价文件的部门在收到《建设项目环境影响报告书》后，除涉及国家秘密和商业秘密的事项外，应当全文公开。发现建设项目未充分征求公众意见的，应当责成建设单位征求公众意见。

6. 公众、环保 NGO 等有权向环境保护行政主管部门举报污染大气环境的行为，相关环境保护行政主管部门在接到举报后 10 个工作日内不积极履行职责的，举报人有权向法院起诉该环境保护行政主管部门，要求其积极履责；举报人也可以向法院直接起诉污染大气环境的行为人。

7. 对污染大气环境、损害社会公共利益的行为，有关社会组织可以依法提起诉讼。

第一，大气污染是与公众生活关系最密切的一个环境问题，希望在信息公开和公众参与方面，新的大气法要比新环保法更进一步，将大气污染防治领域相关的信息公开和公众参与的内容进行全面详细的规定。通过信息公开和公众参与，加强社会对污染大气环境行为的监督，从而达到遏制空气污染日益恶化的趋势，逐步实现我们的"蓝天梦"。

第二，关于标准制定，为保护大气环境，应鼓励地方制定严于国家的排放标准，地方标准如果严于国家标准，建议不用报国务院批准，备案即可。因此建议删除第九条第三款"省、自治区、直辖市人民政府制定机动车船大气污染物地方排放标准严于国家排放标准的，应当报国务院批准"。

第三，关于法律责任部分，整体来说，该征求意见稿规定得还是不够全面和严格，担心不能改变现在违法无成本或者低成本的现状。建议全面完善各责任主体的法律责任，相关主体有法律规定的义务和职责，就要规定相应的法律责任，并且建议制定更严格的责任承担制度，设定阶梯性惩罚制度，比如，对于屡次违法的，应该设定更高的罚款额度，或者处以更严格的惩罚措施，比如企业关停等。

　　同时附上自然之友于今年4月发起的"我为大气法提建议"民间参与立法倡导活动公众意见汇总和《环境保护法》与《大气污染防治法》(修订草案征求意见稿)内容对比，供参考。

　　由于时间有限，我们经过认真研讨后提出如上粗浅建议供参考，具体法条的修改意见还需要更充分的时间来研究和讨论。期待以后还能有更充分的公众参与《大气法》修法的机会，我们也会持续关注该法的修改，希望能基于我们的行动为立法提供科学的建议。最后，希望在立法机关的主持下，通过社会各界力量的共同参与，制定一部能有效解决公众关注的大气污染问题的法律！

自然之友

2014 年 9 月 30 日

　　注：我们现在正在推动国家重点控制污染源自行监测信息省级公开平台的完善，环保部也下发正式文件，要求国家重点控制污染源要在 2014 年 1 月 1 日起在省级统一平台上公开污染物排放实时监测信息。

G.26

自然之友再次呼吁放开
环境公益诉讼主体资格

尊敬的各位全国人大常委会委员、

尊敬的全国人大法律委员会、

尊敬的全国人大常委会法制工作委员会：

今天是世界地球日与世界法律日，自然之友获悉《环境保护法》正在全国人大常委会进行第四次审议，四审稿关于环境公益诉讼的主体资格做了规定，对污染环境、破坏生态、损害社会公共利益的行为，符合下列条件的社会组织可以向人民法院提起诉讼：

"（一）依法在设区的市级以上人民政府民政部门登记；

（二）专门从事环境保护公益活动连续五年以上且信誉良好。"

该规定较去年的环保法二审稿和三审稿都有明显的进步，将环境公益诉讼的主体资格放宽到设区的市级以上民政部门登记的社会组织，说明此次《环保法》修改在一定程度上贯彻了党的十八届三中全会新的精神，体现了我们国家向污染宣战的决心，表明国家决定通过有序推动司法力量和社会力量制度化来解决环境问题。

《中共中央关于全面深化改革若干重大问题的决定》指出，建设生态文明，必须建立系统完整的生态文明制度体系，实行最严格的源头保护制度、损害赔偿制度、责任追究制度，完善环境治理和生态修复制度，用制度保护生态环境。制度建设是推进生态文明建设的重要保障，是实现美丽中国梦的根本途径。完善环境公益诉讼制度正是建立系统完整的生态文明制度体系的应有之义，是有效追究环境污染与生态破坏者责任的重要制度保障。

但是，作为长期致力于推动中国环境法治的环保公益组织，我们必须提出，该立法建议对环境公益诉讼的主体资格限定仍然过于严格。

首先，将能提起公益诉讼的社会组织限定为设区的市级以上，缺乏依据，没有充分考虑中国环境问题的地域性。环境问题往往具有明显的地域特征，首先影响的也是地方公众的环境利益，因此，应该充分赋予基层环保组织提起环境公益诉讼的权利。

其次，没有充分考虑中国从事环境保护的社会组织发展的现实状况。鉴于注册登记的困难，目前国内的很多环保组织还是以环保志愿者的身份在从事环境保护的推动工作，已经注册的相当一部分环保组织也大都在区级的民政部门登记，甚至有些环保组织只能在工商部门登记。

再次，"设区的市级以上"也没有考虑到直辖市的特殊情况，在实际操作上也会引起争议和操作的困难。

最后，"信誉良好"的评判标准是什么？由谁来评判？这样弹性极强的规定很容易导致自由裁量权的滥用。

自然之友再次呼吁，凡是"依法登记的从事环境保护工作的社会组织"就可以成为环境公益诉讼的主体，充分鼓励社会各界力量通过制度化的方式有序地"向污染宣战"！

自然之友

2014 年 4 月 22 日

G.27

关于"征求公众意见，
确保2014年7月1日出台新
《生活垃圾焚烧污染控制标准》"倡议书

近期持续的全国性雾霾已成为困扰每一个公民和政府的环境难题，解决雾霾问题成为当务之急。而生活垃圾焚烧厂（以下简称垃圾焚烧厂）排放的二氧化硫、氮氧化物、二噁英等持久性有机污染物，会给环境和人体健康带来持续的负面影响。作为重要的空气污染源，垃圾焚烧厂污染物排放应得到有效控制和监管。

中国城市建设研究院学者曾指出，2007年中国全国生活垃圾焚烧厂（60~70座）估算二噁英空气排放量为157.93g TEQ（毒性当量），相比2004年的125.8g TEQ，已有显著增长。截至2013年8月，全国（除港澳台地区）已运行的生活垃圾焚烧厂约150座，预计到"十二五"规划末，中国垃圾焚烧厂将超过300座。全国垃圾焚烧厂不断兴建，必将导致污染物排放总量和毒性不断增加。

令人担忧的是，我国垃圾焚烧厂污染物排放仍然采用2001年《生活垃圾焚烧污染控制标准》（以下简称2001年标准），明显落后于欧盟标准，在二噁英浓度限值上更是相差10倍，这显然不能确保垃圾焚烧厂污染物排放的有效控制。新的控制标准于2010年征集意见后，迟迟未出台！时隔3年，等来的是2013年12月27日发布的《生活垃圾焚烧污染控制标准》二次征求意见稿（以下简称二次征求意见稿）。

因而，我们再次呼吁国家环保部门加快出台新的《生活垃圾焚烧污染控制标准》，不要再让我们等待又一个三年！

此外，针对此次发布的二次征求意见稿，我们认为需要更加严格的标准和更广泛的意见征求。一是二次征求意见稿中多项污染物的限值比2010年的征求意见稿更宽松。例如，氮氧化物由2010年征求意见稿的250毫克/立方米1小时平均值，200毫克/立方米24小时平均值，宽限至300毫克/立方米1小时平均值，250毫克/立方米24小时平均值；汞及其化合物，镉、铊及其化合物的测定均值由0.05毫克/立方米宽限至0.1毫克/立方米等。这样的标准，显然不能有效控制垃圾焚烧厂污染物的排放。二是意见征求函明确列出征求意见的单位均为政府部门，未向公众、环保组织和其他社会各界征求意见，具有很大的局限性。

鉴于此，我们提出以下倡议，郑重呼吁国家环境保护部门：

一、《生活垃圾焚烧污染控制标准》（二次征求意见稿）应向公众、环保组织和其他社会各界征求意见，而不仅限于附件1中提及的名单，同时召开面向公众的标准修改听证会。

二、提高工作效率，确保新的、更加严格的《生活垃圾焚烧污染控制标准》能够在2014年7月1日出台。

我们相信，严格的标准，是控制垃圾焚烧厂污染物排放的第一步，唯有加强生活垃圾焚烧厂的监管力度、信息全面公开和公众参与，才能不断促进垃圾焚烧厂的清洁运行，从源头上减缓垃圾焚烧带来的环境污染和对人体健康的影响。

环保组织也将于1月15日前提交对《生活垃圾焚烧污染控制标准》（二次征求意见稿）的修改意见，恳请国家环境保护部门认真阅读，并予以回应。

2014 年 1 月 7 日

发起倡议的组织：
芜湖生态中心
自然之友

自然大学

上海仁渡海洋公益发展中心

爱芬环保科技咨询服务中心

贵州高远再生资源回收（有限公司）

绿色地球环保科技（有限公司）

宜居广州生态环境保护中心

厦门绿十字

贵州省绿色家园环境保护志愿者总队

零废弃联盟

长沙市绿动社区环保服务中心

郑州环境维护协会

河南绿色中原环境保护协会

南京绿石环境行动网络

昆山市鹿城环保志愿者服务社

西安绿色原点环境宣传教育发展中心

上海自然之友生态保护协会

成都根与芽环境文化交流中心

环友科学技术研究中心

福建绿家园环境友好中心

重庆恒奥环保产业发展有限公司

天津市环境科学会绿色教育工作委员会（天津绿色之友）

个人：

陆肖琴

安新城

2014 年 1 月 7 日

G.28

2014 福特汽车环保奖

上海，2014 年 11 月 28 日——今天，以"你就是环保英雄"为主题的 2014 福特汽车环保奖颁奖典礼暨绿色出行论坛在上海圆满落幕。来自全国的 29 个环保组织分别获得"自然环境保护——先锋奖""自然环境保护——传播奖"和"社区参与创意奖"三大类共 29 个奖项，共被授予奖金人民币 200 万元。在颁奖典礼之后，福特汽车（中国）有限公司传播与公共事务副总裁李英女士，同野生动物保护专家、福特汽车环保奖评委张立博士、上海益优青年服务中心创办人及理事长张宁先生、同济大学可持续发展与管理研究所所长诸大建先生，以及移动互联网产业联盟秘书长李易先生一起参与了绿色出行论坛，共话绿色出行的现状，展望绿色、环保、可持续发展之道。

2014 年福特汽车环保奖获奖项目公示

自然环境保护——先锋奖

一等奖

项目名称：长江源生态拯救行动

项目负责人：杨欣

项目地点：四川省绿色江河环境保护促进会

二等奖

项目名称：绿色浙江"吾水共治"行动

项目负责人：忻皓

项目地点：浙江省绿色科技文化促进会

项目名称：用倡导策略保护草原生态

项目负责人：丁文广

项目地点：兰州大学西部环境与社会发展中心

三等奖

（1）项目名称：环境法律在地行动项目

项目负责人：周翔

项目地点：安徽绿满江淮环境咨询中心

（2）项目名称：水环保发明样例

项目负责人：吴国华

项目地点：上海市南洋模范中学创新协会

（3）项目名称：绿色创业汇

项目负责人：葛勇

项目地点：道和环境与发展研究所

提名奖

（1）项目名称：保卫府河大调查

项目负责人：柯志强

项目地点：武汉绿色江城环保服务中心

（2）项目名称：社区共管，渔村自治

项目负责人：王梦

项目地点：三亚市蓝丝带海洋保护协会

（3）项目名称：冶河湿地科学保护

项目负责人：李剑平

项目地点：平山县西柏坡爱鸟协会

自然环境保护——传播奖

一等奖

项目名称："家园"三部曲公益微电影

项目负责人：乔乔

项目地点："用光影保护生态环境"摄制组

二等奖

（1）项目名称：在路上的放映者

项目负责人：龙山

项目地点：HOME 长沙市共享家社区志愿服务中心

（2）项目名称：环境法律援助行动网络

项目负责人：王灿发、田文鹏

项目地点：中国政法大学污染受害者法律帮助中心

三等奖

（1）项目名称：儿博馆环保教育基地

项目负责人：张宁

项目地点：上海益优青年服务中心

（2）项目名称：保护黑嘴鸥

项目负责人：刘德天

项目地点：盘锦黑嘴鸥保护协会

（3）项目名称：沿海中部生态调查

项目负责人：胡柳君

项目地点：连云港报业传媒集团

提名奖

（1）项目名称：绿水行动

项目负责人：盛建

项目地点：南京爱心之旅社会工作服务中心

（2）项目名称：南水北调爱水传播行动

项目负责人：鄢福生

项目地点：石家庄市长安区大爱暖阳社

（3）项目名称：《绿色家园》环保电视栏目

项目负责人：佳玳

项目地点：呼伦贝尔市环保宣教中心

社区参与创意奖

（1）项目名称：稻田养殖减缓面源污染

项目负责人：陆春明

项目地点：屏边自然保护协会

（2）项目名称：青年联力高校节能

项目负责人：王简

项目地点：（中国）青年应对气候变化行动网络

（3）项目名称：HOME36 间房空间共建实验

项目负责人：龙山

项目地点：长沙市共享家社区志愿服务中心

（4）项目名称：沃土返乡青年支持项目

项目负责人：郝冠辉

项目地点：沃土工坊

（5）项目名称：河去河从——河涌 ICU 项目

项目负责人：戴广良

项目地点：广州市新生活环保促进会

（6）项目名称：垃圾减量 绿色生活

项目负责人：王志勤

项目地点：上海龙南绿主妇环保科技工作室

（7）项目名称：国仁打平伙社区食堂

项目负责人：梁游飞

项目地点：重庆市国仁打平伙餐饮文化有限责任公司

（8）项目名称：东寨港红树林养蜂项目

项目负责人：冯尔辉

项目地点：海南东寨港国家级自然保护区管理局

（9）项目名称：同心互惠社区募捐点

项目负责人：孙恒

项目地点：北京工友之家文化发展中心

（10）项目名称：普氏原羚生态学堂

项目负责人：尤鲁清、赵海清

项目地点：海晏扎布拉生态保护协会

（11）项目名称：大地之肾

项目负责人：吴昊

项目地点：北京师范大学珠海分校创行团队

G.29
2014 中国最佳环境报道奖揭晓

2014 年 5 月 27 日下午，由中外对话、网易新媒体中心、中国人民大学合办的"2014（第五届）最佳环境报道奖"评选结果揭晓。除获得奖金外，部分一等奖获得者将应德国外交部和中外对话的邀请，赴德国进行为期一周的交流访问。

二等奖

《洞庭湖水天鹅泪——20 只小天鹅命丧洞庭湖》，李锋，《长沙晚报》

《美国 PJM 怎么玩》，刘拉雅，《南方能源观察》

《追霾》，严昊、黄芳、石毅、黄志强，《东方早报》

《石油系反绿》，吕明合、袁端端、冯洁、李一帆、龚君楠，《南方周末》

《大气治理政策系列》，王尔德，《21 世纪经济报道》

《"捆绑"武汉的飞灰遗祸》，吕宗恕，《南方周末》

《地下水防治的"地下"史》，冯洁，《南方周末》

《三江源投入 75 亿之后》，李静，《瞭望东方周刊》

《多位专家解析华北地下水治污"处方"》，甘晓，《中国科学报》

《浩勒报吉地下水危机》，徐智慧，《中国新闻周刊》

公民记者二等奖

黄运国（@神农耕者）

湖北神农架的农民，自从他在手机上开始使用微博之后，神农架的环境问题就开始得到了持续的曝光，包括毁林种植烟草、机场开发未环评先通航、大九湖湿地保护困境、山上兽夹多导致野生动物大量伤亡、保护区参与修建水电站、国家一级保护动物红腹锦鸡被持续盗猎等问题，都引起了公众的广泛关注。同时，他又主动作为志愿者上山清理兽夹、清理乡村垃圾、探索发展生态旅游等，正在成为当地的环境监督者。

陈浩波等（@洞庭守护者）

一支主体，是由渔民组成的江豚保护团队，是中国最了解濒危物种江豚的群体。他们在2003年就开始保护江豚和洞庭湖生态，他们的微博应用虽然用得不多，但偶尔发布的《巡湖日记》，体现了朴素的民间环保情感，读起来生动感人。他们正以一种最为乡土的存在方式，向社会诉说着环境保护的真正价值。

单项特别奖

最佳调查报道奖：《镉病将至》，刘虹桥，财新《新世纪》周刊

评委会颁奖词：这个奖既是颁给《镉病将至》的作者刘虹桥，也是颁给财新《新世纪》的环境健康报道团队。从2011年开始，财新持续刊发重磅报道，关注镉污染，勾勒出从土壤镉污染，到镉米污染，到镉病这样一条灾难性链条。财新《新世纪》的记者们也因此数次获得我们的"中国最佳环境报道奖"。

而刘虹桥的《镉病将至》，是传统调查报道与环境科学报道有力结合的一个案例。报道用生动但有节制的语言向读者展示了环境镉污染事件对受害者造成的伤痛；同时，通过扎实的调查和翔实的论证，前所未有地向公众展示了一个完整的镉的环境健康损害链条。在采访过程中，记者不仅深入"镉村"，还查阅了大量中英文科学文献。正是透过这些公众少有可及的艰涩文献和深入的访谈，记者才得以描绘出"镉病将至"的全面图景，并保证了报道的科学性。

最佳影响力奖：《地下水砷污染危及近2000万国人》，宣金学，《中国青年报》

评委会颁奖词：美国《科学》杂志发表的一篇论文称，中国生活在地

下水砷超标的高风险地区的人有 1958 万之众。1958 万是一个巨大的数字，却难以让人感知。记者通过 47 岁的受害村民吴智强的故事，揭示了宏大数字背后令人震惊和悲伤的故事。

记者从一个被地下水砷污染所改变命运的个人出发，揭示了中国地下水砷污染的原因、发展、分布以及问题的严重性。在相关报道中，该文采访最翔实深入，内容丰富有质感，有巨大的影响力。

最佳突发报道奖：《污灌地下水》，高胜科、许竞、贺涛，《财经》杂志

评委会颁奖词：在"山东地下水污染"悬而未决，"潍坊企业直排地下水"事件虽经微博热传、很多媒体却找不到证据时，《财经》记者历经近半月的调查，在相隔千里之遥的河南平顶山市抓到了省级重点企业地下排污的现形。

经实地调查，全国农村的地下水污染事件严重，而城市依然不可幸免，市民也承受着污染的巨大代价，即便在首都北京，数不清的城区民众亦暴露在地下水风险隐患中。报道深刻剖析了病症之源：国家摸底调查不完善，各省市形式大于内容，监测能力严重落后，亦让地下水治理雪上加霜。在调查的基础上，报道还引用了国际上超级基金法案做法，给出了建设性方案设计。

最佳深度报道奖：《新能源十年反思》，谢丹、陈荷，《南方周末》

评委会颁奖词：2012 年中国新能源产业经历了从高峰到破灭极其惨重的跌落，谢丹等在 2013 年初第一时间，就这场全国范围内的新能源产业泡沫破灭故事进行了反思和总结，访谈了 30 多位企业家、地方官员、决策者和学者，还原了新能源泡沫破灭如何一步步被推高，一次次错过挽救时机，最终出现大量企业亏损破产的故事，文章原标题《新能源大败局》，作为媒体最早提出的系统性反思，该观点在业内引起较大反响。

最佳青年记者奖：汪韬

评委会颁奖词：从 2012 年起，汪韬就进入"最佳年度青年环境记者奖"的视野。这个入行不久的年轻人，是中国新一代环境新闻人中的佼佼者之一。2013 年，汪韬持续报道大气污染——从严重的雾霾到大气健康效应的讨论，从"大气国十条"的制定到地方治霾的现实问题，敏锐、迅速、行动力强。她的报道《霾尽问江南》指向了局部雾霾个案的成因分析；《地方治霾，人在囧途》描摹了一些地方在治霾问题上的尴尬和微妙境况；《两会政治季里的"空气"味道》从两会视角切入大气问题的公共关注及政治力度，在两会期间的报道中独树一帜；《空气污染致病，中国负担最高》及时采访国际权威，从公共健康的角度再次引领了大气题材报道。

作为一名青年记者，汪韬在 2013 年全年保持了活跃的思维、较高的产出和平稳的水准。

最佳公民记者奖:王春生(@菜乡之剑)

山东潍坊市民，持续调研和举报当地的环境污染，在微博上保持着对当地环境治理的监督。同时，他还对联盟化工、巨能特钢、晨鸣纸业等企业开展了信息公开申请等合法的环境信息获取行动，与@山东环境等政府部门形成了良好的互动。

评委会颁奖词：当他在微博上刚刚出现并揭露环境污染时，他只是千万吐槽网民中的一员；当他不断更换网名、继续曝光污染时，他像是一个顽强的网络游击队员。如果他很快从网络上消失，没有人会觉得奇怪。但他数年如一日地持续调研和举报当地的环境污染，还对多家大企业开展信息公开申请等合法的环境信息获取行动，与省政府相关部门形成良好的互动，我们终于百分之分地肯定，这是一位了不起的公民记者，在微博的影响日益减弱时，他一个人仍能取得令人惊异的成果。

Ⓖ.30
联合国环境署宣布 2014 年
地球卫士奖获奖者名单

联合国环境署宣布了联合国最高环境荣誉地球卫士奖 2014 年获奖名单，授予为拯救生命、改善生计和更好地管理和保护环境的创新者和决策者们。

地球卫士奖成立于 2005 年，旨在表彰政界、科学界、商界和民间社会为环境事业做出突出贡献的个人和组织。

地球卫士奖共设有五个奖项，分别是：政策领袖奖、商界卓识奖、终身领袖奖、科学与创新奖以及激励与行动奖。

联合国环境署于 2014 年 11 月 19 日在美国史密森尼美国艺术博物馆及国家肖像画廊举办了颁奖典礼，获奖者接受了联合国秘书长潘基文和联合国环境署执行主任阿奇姆·施泰纳的颁奖，联合国环境署亲善大使吉普赛·邦成也以颁奖嘉宾的身份参加了颁奖典礼。

2014 年"地球卫士奖"获奖名单如下：

政策领袖奖

帕劳总统汤米·雷蒙杰索
表彰他通过制定保护生物多样性的国家政策，加强国家经济和环境复原力。
印度尼西亚第六任总统苏西洛·班邦·尤多约诺
表彰他是主要发展中国家中第一位自愿承诺减少温室气体排放的总统。

商界卓识奖

美国绿色建筑委员会
表彰该机构改变了建筑和社区的设计、建设和运营方式。

科学与创新奖

著名科学家罗伯特·沃森

表彰他在臭氧层消耗、全球变暖方面做出的科学贡献。

激励与行动奖

海洋清洁计划创始人博扬·斯拉

表彰他在不断恶化的全球海洋塑料碎片方面做出的积极探索。

Adeso（前 Horn Relief）创始人 Fatima Jibrell

表彰她在战争和破坏中对环境和社会复原力做出的重大贡献。

终身领袖奖

海洋探险家和环保主义者西尔维娅·厄尔

表彰她开发设计的全球"希望点"项目，保护生命系统，巩固全球生物多样性的进程。

诺贝尔奖获得者、著名臭氧科学家马里奥·莫利纳

表彰他在全球最重要的气候协议中发挥的领袖作用。

关于地球卫士奖

地球卫士奖成立于 2005 年，旨在表彰政界、科学界、商界和民间社会为环境事业做出突出贡献的个人和组织。无论是通过改善自然资源管理，还是另辟蹊径解决气候变化问题，抑或是提高人们对新环境挑战的认识，地球卫士们应当是在世界各地从事改革行动的、能够鼓舞人心的领导人、思想家和行动家。

历届地球卫士奖的获奖者包括前苏联领导人米哈伊尔·戈尔巴乔夫、美

国前副总统阿尔·戈尔、墨西哥前总统费利佩·卡尔德龙、马尔代夫前总统穆罕默德·纳希德、巴西环境部前部长玛丽娜·席尔瓦、科斯拉风险投资公司创始人维诺德·科斯拉，以及其他很多在环境和发展领域做出贡献的组织和个人。

中国著名女演员周迅和远大集团总裁张跃分别于2010年和2011年获此殊荣。

关于环境署

联合国环境署成立于1972年，是联合国系统内负责全球环境事务的牵头部门和权威机构，环境署激发、提倡、教育和促进全球资源的合理利用并推动全球环境的可持续发展。联合国环境署的工作领域包括：评估全球、区域和国家环境状况和趋势，制定国际和国家环境政策，加强机构和制度建设，理智管理环境。

关于奖项赞助商

广东慧信环保有限公司

广东慧信环保有限公司是中国领先的水净化产品和水处理综合解决方案的供应商。公司践行"先益后利"的经营模式，并以"让天更蓝，让水更清"作为企业的发展理念。公司为青年大学生设立环境奖学金，组织清洁行动，并捐赠数吨水净化剂用以清理广东和北京污染的河流。

史密森尼学会

史密森尼学会成立于1846年，是世界最大的博物馆系统和研究联合体。该组织包括19座博物馆、9座研究中心、1个动物园以及涵盖全球的科学、艺术、历史和文化领域的研究项目。史密森尼学会的使命是保护美国多元化遗产、增加知识并与全世界分享资源。史密森尼学会的工作有助于为美国和世界文化的多样性建立尊重和理解的桥梁。

联合国基金会

联合国基金会是把联合国工作和全世界其他工作联系在一起，动员企业和非政府组织的知识和力量帮助联合国应对气候变化、全球健康卫生、和平安全、妇女赋权、消除贫困、能源获取以及美国和联合国的关系等问题。国家地理学会自1888年成立以来，一直鼓励人们关心地球，它是世界上最大的非营利性科学和教育机构，其工作范围包括地理、考古和自然科学，并促进保护环境和历史。

《华盛顿邮报》

《华盛顿邮报》是全球著名的新闻出版机构。通过自身的传统和血统，向全球报告客观、可信和极具价值的新闻。《华盛顿邮报》通过科学技术为沟通今天和未来的读者铺平了道路。作为一家具有137年历史的老牌媒体公司，正在所有平台为读者搭建新媒体的桥梁。

G.31

绿色中国·2014 环保成就奖

为促进绿色经济发展与振兴，同时不断唤起全社会对于环保节能以及人类未来生存环境的关注，"绿色中国·2014 环保成就奖"成功表彰和鼓励对中国环保事业做出贡献的企业和个人，在全球生态环境恶化和能源危机日益突出的形势下，环保和低碳概念深入人心，绿色环保已成为现时和未来世界最为关注的议题之一。榜上有名的获奖机构及企业代表，谈及绿色环保之路，都各有心得。

杰出绿色健康食品奖及杰出环保领军人物奖——昆明钧翔号茶叶有限公司董事长于翔

亚洲杰出豪宅人居大奖——武汉万达广场投资有限公司营销部经理严俊

杰出绿色生态城市奖——泸西县委宣传部副部长董平

杰出环境治理工程奖——玉溪市抚仙湖管理局局长武继昌

杰出绿色生态城市奖——陕西省西咸新区沣东新城宣传策划中心常务副主任张雷

杰出可持续发展企业奖——武汉双虎涂料有限公司代表冷正华

杰出环境保护企业奖——中滔环保集团有限公司董事总经理卢己立

杰出可持续发展创意概念奖——一洲世纪有限公司董事长庄一洲

杰出环保上市公司奖——碧瑶绿色集团主席吴永康、行政总裁及执行董事吴玉群

杰出环境保护企业奖——宁夏天元锰业有限公司副总经理贾彦

杰出企业社会责任奖——宁夏台建房地产开发有限公司董事长张冬初

杰出绿色环保建筑奖——武汉中心大厦开发投资有限公司总经理王成林

杰出绿色健康食品奖——湖北丛霖农业生态有限责任公司董事长金凤

杰出绿色健康食品奖——湖北省石花酿酒股份有限公司总经理杨世文

杰出绿色健康食品奖——明一国际营养品集团有限公司执行总裁林勇

杰出创意节能环保概念奖——中国立捷建筑装饰科技（香港）有限公司董事长叶光庆

杰出绿色健康食品奖——河南彤瑞实业有限公司董事长苏大军

杰出可持续发展企业奖——山西欣中集团董事长冯海忠

杰出可持续发展企业奖——浙江龙盛集团股份有限公司代表邓洁心

G.32

后 记

从首部中国环境绿皮书《2005年：中国的环境危局与突围》，到今年的第十卷中国环境绿皮书《中国环境发展报告（2015）》，作为该书的编写方，"自然之友"始终坚持以公众视角去观察、记录一年来的环境大事，为读者提供有别于政府－国家立场或学院派定位的绿色观察，帮助关心中国环境问题的各界人士较真实地了解一年来中国重要的环境变化、问题、挑战、经验和教训，为中国走向可持续发展的历史性转型留下真实的写照和民间的记录。

近年来，中国环境绿皮书以其开创性的工作及独特视角获得了社会各界的认可。这对我们的工作是一种激励，亦是一种挑战。和前几卷绿皮书一样，我们的执笔者仍然来自一线工作的环保专家、学者、律师、NGO骨干、记者。这些作品是他们对环境问题进行持续研究和认真思考后，为绿皮书所撰写的，他们为此付出了许多时间和精力。

本书的顺利出版，要感谢那些热心的读者，他们为此书提供了许多宝贵的建议，一些版式方面的调整正是基于读者反馈而做出的，如版块的调整、报告篇幅的精简、图表的增加等。

特别感谢那些为本书提供帮助及支持的人们，基于同样的梦想与目标，基于对"自然之友"的信任，他们不计得失，志愿、义务、热忱地支持和参与了这个项目。特别感谢周勇翻译及罗易校对英文摘要，为本卷绿皮书的编写做出了重要的贡献。

同时，也要感谢社会科学文献出版社的各位编辑老师，以及广大"自然之友"会员为本书的顺利出版所提供的无私帮助。

最后，感谢那些长期以来关注环境绿皮书的所有个人和组织，恳请大家继续指出本书的不足之处，提出改进意见，并进一步参与到环保工作中来。
这份事业，属于每一位珍爱自然和正视环境责任的公民。

自然之友

2015 年 6 月 10 日

G.33
自然之友简介

自然之友成立于 1994 年 3 月 31 日，是中国最早注册成立的民间环境保护组织。自然之友的创会会长是全国政协委员、中国文化书院导师梁从诫教授，现任理事长是社会文化和教育专家杨东平教授。自然之友自创立以来一直秉承着"真心实意，身体力行"的价值观，通过生态保育和反污染行动、青少年环境教育、公众环境行为改善、环境公共政策倡导、民间环保力量合作与支持等不同方式履行保护环境的使命，并以此向着我们的愿景不断前行——在人与自然和谐的社会中，每个人都能分享安全的资源和美好的环境。

自然之友最近几年的工作重点是发现、培育、支持、团结更多的中国绿色公民，推动绿色公民更多地组织环保行动。

作为会员制的环保组织，二十多年来，自然之友在全国各地的会员数量达 2 万人，其中活跃会员 3000 余人，团体会员近 30 家。各地会员热忱地在当地开展各种环境保护工作，在一些城市成立了自然之友会员小组，专门致力于当地环境保护工作。此外，由自然之友会员发起创办的环保组织已有十多家。

自然之友累计获得国内国际各类奖项二十余项，如"亚洲环境奖""地球奖""大熊猫奖""绿色人物奖"和菲律宾"雷蒙·麦格赛赛奖"等，在 2009 年，自然之友当选"壹基金典范工程"。

历经二十多年的不断发展，自然之友已成为中国具备良好公信力和较大影响力的民间环境保护组织，正在为中国环保事业和公民社会的发展做出贡献。

做自然之友志愿者：
批评和抱怨无法解决问题，立即行动，成为自然之友志愿者吧！每个人都是保护环境的卫士，为守护我们的家园走在一起。请联系 office @ fonchina. org。

成为自然之友会员：

让我们多一份力量，立即加入我们，成为自然之友会员吧！我们的会员越多，越能代表您为守护自然发言，越能表达中国公众爱护环境的决心与要求。请联系 membership@ fonchina. org 或登陆网页（http：//www. fon. org. cn/channal. php? cid = 11）。

捐款支持自然之友：

环境破坏的压力日趋严重，改善环境需要更多的经费来支持推动。

账户：北京市朝阳区自然之友环境研究所

账号：0200 2194 0900 6700 325

开户行：工商银行北京地安门支行

联络自然之友

地址：北京市朝阳区裕民路 12 号华展国际公寓 A 座 201

邮编：100029

电子信箱：office@ fonchina. org

网址：www. fon. org. cn

微博：自然之友（新浪、腾讯、搜狐均为实名）

G.34
环境绿皮书调查意见反馈表

尊敬的读者：

　　这是基于公共利益视角进行年度环境观察、记录与分析的环境绿皮书，谢谢您的支持。希望您能填写下表，通过 e-mail（首选）或邮寄提供反馈意见，帮助提高绿皮书的品质。谢谢您对中国环保事业的支持，谢谢您给自然之友的宝贵意见。

　　请在选项位置打"√"，可多选：

1. 您对这本书的评价（请按照满意程度进行选择，并陈述基本理由）	①不满意，理由是：
	②一般，理由是：
	③不错，理由是：
	④很满意，理由是：
2. 您认为绿皮书应在哪些方面进行改进？	①基本数据和事实的准确性、权威性；②评论分析的深入和洞察力；③更全面追踪透视年度热点；④可读和趣味性；⑤更突出重点或年度主题 其他（请写明）：
3. 您认为哪几篇（或哪部分）较好？	
4. 您认为哪几篇（或哪部分）很一般或较差？	
5. 您认为绿皮书在哪些方面对您比较有帮助？	①可以作为参考的工具书；②了解中国环保问题现状与进程；③增长见闻 ④了解中国民间环保界的视角；⑤其他（请写明）：_____
6. 您的个人信息	您的姓名：
	您的职业身份是：①公务员；②企业人士；③研究人员；④学生；⑤NGO 人士；⑥媒体；⑦农民；⑧其他：_____
	所在单位：
	联系方式　通信地址：　　　　　邮　编： 电子邮件：　　　　　　联系电话：
	您比较关注哪些领域：
7. 您的其他建议或要求	

自然之友

网址：www. fon. org. cn

地址：北京市朝阳区裕民路 12 号华展国际公寓 A 座 201

邮编：100029

Email：lixiang@ fonchina. org

声明：凡引用、转载、链接都请注明"引自自然之友组织编写的环境绿皮书——《中国环境发展报告（2015）》，社会科学文献出版社 2015 年版"，并请发 e-mail 告知自然之友，谢谢支持与理解。

Abstract

The *Annual Report on Environment Development of China* (*2015*) is the 10th book of the Green Book of Environment series.

For ten years, the *Green Book of Environment* series has been recording and reviewing China's environment from the perspective of civil society and public interest and has left a great deal of valuable literature. The latest addition to this book series presents the development of environmental protection across China in 2014, It was the 20th anniversary of civil environmental protection movement in China and deserve celebration by environmental civil society.

In the General Report, Peking University Professor Zhang Shiqiu reviews and analyzes the growing environmental civil society in the past two decades. As Chinese society develops, the focus of attention on non-governmental organizations (NGOs), especially environmental NGOs, has shifted from whether they should be regarded as an issue that should not be talked about or that is sensitive to how we can make environmental NGOs play an effective role. We can even expect that environmental protection will likely become one of the most important areas to contribute to a mature civil society.

The General Report then presents a proposition that environmental civil society can contribute to good environmental governance and the modernization of environmental governance.

The growing environmental civil society and NGOs have brought more choices for enhancing society's capacity of environmental governance and effects of its efforts in this field. Positioned between governments and the market, environmental civil society and NGOs play an indispensable role in the modernization of national governance. Only through the public's rational participation for rights, would the effect of environmental governance and the environment be improved.

Therefore Professor Zhang argues that environmental civil society and environmental NGOs are the main participants of environmental governance in modern nations. The growth of environmental civil society and NGOs not only is the necessity of environmental governance, but also will become critical social capital for China's sustainable development

Law and Policy has always been an important topic in the Green Book of Environment series. In 2014, the long-anticipated new Environmenmental Protection Law was promulgated and becomes a milestone in China's environmental legislation history. This book contains four articles on the new Environmenmental Protection Law from multi-dimentional perspectives, including its amendment, the prospect of implementation, related judicial and policy measures, and the impact on particular industries, etc. .

Carbon emissions reduction and economic transition in China have become increasingly important issues for environmental governance. The Chinese government made an exciting commitment to carbon emissions reduction in 2014, which hence became an important year for China's response to climate change. China's Total Coal Consumption Cap Policies and Plans" in this book states that total coal consumption cap is critical for China's transition toward a low carbon, green economy. . The process of coal mining, transport and consumption has high external socioeconomic cost, with its huge impact on the ecosystem, environment, public health and climate change. Coal is one of the main contributors to air pollution, smog, solid waste and water pollution. The aforementioned article proposes that China must first reduce coal consumption before its carbon emissions reaches its peak by 2030.

This book has a highlight, a new section of Ecological Footprints Overseas. China relies increasingly on imported resources and makes more overseas investment than any other developing country. While fueling global economic prosperity, China is affecting other countries' environments, community development, biodiversity and response to climate change. The aforementioned section includes four articles covering China's investment in overseas mining, timber trade with other countries, environmental and cultural challenges for its investment in Brazil, Antarctic Ocean protection, etc. They involve cases and

issues that reflect, more or less, opportunities and challenges for China to take its environmental and social responsibility. China will hopefully be able to play a more positive role in global transition toward green development if it becomes more aware of environmental protection in international trade and investment.

Contents

G I   General Report

Abstract: 2014 is regarded as the 20th anniversary of non-governmental movements for environmental protection in China. A symbol of environmental civil society, environmental non-governmental organizations (NGOs) keep growing in China, where they comprehensively participate in environmental governance and have made irreplaceable contribution to good environmental governance.

Keywords: Good Governance; Social Capital; Environmental NGO; Civil society; Environmental Governance

环境绿皮书

Gʀ Ⅱ   Special Focus

G. 2   Air pollution Control in China from an "APEC Blue"

Perspective   *Zhao Lijian* / 020

Abstract: A lot of measures against air pollution were taken in Beijing and its surrounding areas during the Asia-Pacific Economic Cooperation (APEC) meeting in 2014, leading to better air quality. The term "APEC Blue" coined by local residents has since become a political commitment of the Chinese leaders and hence is significant for action against air pollution in China. With the aforementioned measures, the emissions of various pollutants were reduced by 50% on average during the APEC meeting, and air quality was 61. 6% better than usual, according to official assessment by the Beijing municipal government. "APEC Blue" has revealed that air pollution is preventable and controllable. Nonetheless, long-term air quality improvement cannot rely on short-term measures but requires long-term ones, especially a change in the pattern of economic growth and a powerful law enforcement. Action against air pollution comes at a cost, but a win-win situation of clean air with economic growth is achievable. For "APEC Blue" to become "Normal Blue" or "China Blue", China needs to: improve legislation and enhance law enforcement; build a complete policy framework and management system; enhance scientific decision making process and local governments' abilities to implement relevant decisions; make full use of market-based instruments; enhance environmental information disclosure and public engagement.

Keywords: APEC Blue; Air Pollution Control; Environmental monitoring & Law enforcement; Cost-benefit Analysis (CBA); Policy Assessment; Information Disclosure; Public Engagement

G. 3　China's Total Coal Consumption Cap Policies and Plans

Chen Dan , Lin Mingche and Yang Fuqiang / 031

Abstract: This paper proposes that total coal consumption cap is critical for China's transition toward low-carbon and green development. The process of coal mining, transport and consumption has high external socioeconomic cost, with its huge impact on the ecosystem, environment, public health and climate change. Coal is one of the main contributors to air pollution, smog, solid waste and water pollution. As the world's largest CO2 emitter, China must first reduce coal consumption before its carbon emission reach theirits peak by 2030. This paper points out that less and clean coal use as well as alternative energies should be important coal consumption control methods in the 13th Five-Year Plan (2016 – 2020) .

Keywords: Total Coal Consumption Cap; Smog; Public Health; Climate Change

G. 4　Review of an Argument about Cars 20 Years ago

Shi Jian / 046

Abstract: Twenty years ago, scholars Zheng Yefu and Fan Gang had a famous argument over whether the development of private cars should be encouraged. This argument received wide response and participation since it involved a series of important issues such as economic development pattern, lifestyle choices and the energy and environment capacity. Although nobody is able to identify the winner or loser in this argument, we can clearly see the economic, environmental, transport and social consequences of a fast-growing automobile industry over the past two decades. Both consumers and policymakers now face great challenges from a choice for the future.

Keywords: Zheng Yefu and Fan Gang Argument; Social Reality; Policy Adjustment

环境绿皮书

G. 5　Soil Remediation Remains Far from Golden Age

Liu Hongqiao / 052

Abstract：Soil remediation became a hot topic in 2014 after the *National Soil Pollution Survey Report* was released. Unfortunately, however, neither the severe pollution nor an explicit statement by the government has led to a takeoff of the soil remediation market. Regarding soil remediation, there have actually been signs of hesitation in capital markets for reasons such as disagreement on legislation, unclear laws, regulations and policies, lack of industry and technological standards, a single financing pattern, lack of funding assurance for remediation and unclear technological approaches. A Central Government-funded pilot project intended to comprehensively remediate farmland contaminated by heavy metals in the cities of Changsha, Zhuzhou and Xiangtan, Hunan Province, for example, continues the trial-and-error model led by the state, with a controversial remediation scheme. Imagination about the prospects of soil remediation will still face tough reality characterized by conflicting interests.

Keywords：Soil Pollution Status；Soil Remediation Status；Controversy Over the *Soil Pollution Prevention and Control Law*；Soil Remediation Market

GⅢ　Law and Policy

G. 6　Environmental Legislation in China：Progress in 2014

Qie Jianrong / 062

Abstract：The new Environmental Protection Law was passed in April 2014. It has been referred as "the strictest environmental protection law ever" because it includes provisions concerning penalties calculated on a daily basis, sequestration, administrative detention, enhanced information disclosure and public engagement, and clarified requirements for parties to file environmental public interest litigation. Despite these advancements, we are not necessarily optimistic about the prospects of this law after it goes into effect. In reality, it is difficult to rapidly solve persistent problems such as loose enforcement and impunity and to confront severe problems with environmental law enforcement officials, including lack of expertise, inability to investigate, inaction and unnecessary action. The effective implementation of the new Environmental Protection Law faces many tough challenges.

Meanwhile, despite some controversy, draft amendments to China's Air Pollution Prevention and Control Law have been completed and submitted to the Standing Committee of the National People's Congress (NPC) for review. China's Soil Pollution Prevention and Control Law and the Nuclear Safety Law are still being drafted.

Keywords: *Amendments to the Environmental Protection Law*; *Tough Challenges for Effective Implementation*; *the Controversial Revision of the Air Pollution Prevention and Control Law*; *Proposed Draft of the Soil Pollution Prevention and Control Law*; *Proposed Draft of the Nuclear Safety Law*

G. 7   Response to Environmental Risks in the Financial Sector
According to the New *Environmental Protection Law*

Wang Xiaojiang, Wang Tianju / 071

Abstract: The new *Environmental Protection Law* is about to take effect. Financial regulators and institutions will both see changes in the financial ecosystem. For companies, the new *Environmental Protection Law* will change their operating rules and conditions in terms of environmental protection and lead to new operating risks, and thus influence the financial ecosystem and change of risks. Such risks will evolve into systemic ones and threaten the operating safety of financial systems and institutions without effective control from financial regulators. Under such circumstances, building legal, institutional, responsibility and institution management systems for preventing and controlling environmental risks in the financial sector and developing non-governmental, independent, third-party

organizations will become important tasks for financial regulators and institutions in the foreseeable future.

Keywords: New *Environmental Protection Law*; Corporate Environmental Risks; Environmental Risks in the Financial Sector; Green Finance Adapting to Changes in Environmental Risks; Independent Third-party Organizations

G. 8   The People's Court and the Supreme People's Procuratorate
   —*Concerning Issues Relevant to Laws Governing*
   Environmental Criminal Cases   *Yu Haisong, Ma Jian* / 080

Abstract: Based on information about cases of environmental pollution crimes heard by people's courts in China from July 2013 through October 2014, this paper presents the characteristics of environmental crimes since the Supreme People's Court and the Supreme People's Procuratorate released a set of interpretations concerning environmental criminal justice. The paper's key findings include: ①a sharp increase in the number of cases of environmental pollution crimes; ②an uneven regional distribution; ③the wide application of certain provisions in the aforementioned interpretations; ④organizations apart from enterprises with an annual output at or above a certain threshold accounting for the majority of environmental pollution crimes; ⑤deeper punishment for crimes involving hazardous wastes; ⑥the first instances of cases involving illegal disposal of imported solid wastes; ⑦a significant decrease in the number of criminal cases involving a breach of duty in environmental regulation. Based on the aforementioned findings, this article will identify several issues in the practice of environmental justice that require rapid improvement.

Keywords: Interpretations of the Supreme People's Court and the Supreme People's Procuratorate Concerning Environmental Criminal Justice; Implementation Status; Implementation Characteristics

G. 9   Environmental Information Disclosure: Major Breakthroughs

and Advancements   *Wu Qi* / 091

Abstract: From 2013 to 2014, a series of laws and regulations governing environmental information disclosure were made and implemented, with breakthroughs in various dimensions and significant improvements in the institutional framework and implementation requirements for environmental information disclosure. In the meantime, the Supreme People's Court for the first time announced ten typical cases regarding governmental information disclosure, making clear response regarding important details of main issues involved in the practice of information disclosure. This response is significant for efforts in demanding environmental information disclosure. However, the real power of an information disclosure system to help environmental protection will rely on the effective implementation and the effective use of disclosed information.

Keywords: Environmental Information Disclosure; Law, Regulation and Policy; Breakthroughs in Major Fields; Judicial Support; Public Scrutiny

ⅠⅤ   Ecological Protection

G. 10   China's Sustainable Consumption under New Urbanization

Chen Hongjuan, Chen Boping / 103

Abstract: This paper describes the current theoretical and practical development of sustainable consumption under China's urbanization background. The gap between China's eco-footprint and eco-pressure determines the importance and necessity of sustainable consumption, which may deepen sustainable production towards sustainable consumption. By analyzing key areas' sustainable consumption approaches and practices, integrated recommendations on economical, structural and policy advices will be given.

Keywords: New Urbanization; Eco-footprint; Eco-pressure; Consumption Eco-footprint; Sustainable Consumption; Sustainable Development; Eco-city

G. 11 Tropical Viruses Are No Longer Far from Us

—A Note of Caution after the 2014 Ebola

Epidemic in Africa　　　　　　　　　*Shen Xiaohui* / 115

Abstract: Although tropical viruses are horrible killers, it is human beings themselves that have released these viruses from tropical jungles. By killing a great number of wildlife and deforestation, human beings have destroyed natural protection from diseases and allowed viruses to spread between species. Microbial diversity including germs and viruses also embodies global biodiversity. Human beings should discipline themselves before learning how to deal with nature in a harmonious manner.

Keywords: Ebola; Tropical Virus; Ecological Barrier; Ecological Web; Biodiversity

G. 12 Jack Ma's Wildlife Hunt in Scotland Triggers Controversy

in China　　　　　　　　　　　　　　　*Liu Qin* / 124

Abstract: Do human beings, at the top of the food chain have the right to kill wildlife? Jack Ma's remark of "hunting promotes wildlife protection" has sparked a wide controversy after his wildlife hunt in Scotland in 2012 was reported by media in August 2014. The ecological and environmental impacts of wildlife hunting as well as interests behind it have become public concerns.

Keywords: Wildlife Hunting Overseas; Celebrity Effect; Ecological Impact; Interests Behind

Ⅰ V   Ecological Footprints Overseas

Abstract: Mining is a key investment area of China's ' going out ' strategy. However, overseas investment in mining is increasingly confronted with environmental and social risks, which not only makes Chinese companies suffer from economic and reputation losses, but also make it difficult for China to implement the ' going out ' strategy. Through analyzing the problems from projects Chinese investment in Peru, Laos and other places, this paper points the reasons and gives suggestions on how to achieve "win-win" development.

Keywords: China's Overseas Investment; Mining Investment; Environmental and Social safeguards; Green Finance; NGO Engagement

Abstract: Illegal logging and related illegal timber trade pose a serious challenge to community development, national stability, climate change and biodiversity. In recent years, this issue has received increasing attention internationally. Alongside efforts to strengthen timber-producing countries' forest governance, consumer countries are also taking active steps to crack down on illegal timber imports. China is the biggest importer of global timber products, and it has developed voluntary guidelines for Chinese timber companies operating overseas to reduce the negative impacts caused by its huge demand for timber products. But China could make a much more useful contribution to the fight against the illegal timber trade by passing a law prohibiting the import of such materials.

环境绿皮书

Keywords: Illegal Logging; Timber Trade; Tropical Forests; Environmental Crime; Anti-corruption

G. 15　China to Brazil (C2B): Socio-cultural and Environmental Constraints of China's Gargantuan Overseas Investment

Zhou Lei, Petras Shelton Zumpano / 156

Abstract: Based on interview, fieldwork and literature studies, this paper explores the increasing economic interaction momentum between China and Brazil, through examining the potential challenges and backlashes from Brazilian societies both from decision-maker level and grass-root society, especially concerning some important stakeholders such as academia, political agenda setters, NGO campaigners, peasants protestants and media.

Keywords: China; Brazil; Overseas Investment; Environmental Impact; Indigenous Campaign; Business Diplomacy

G. 16　The Role of China in Antarctic Protection

Chen Jiliang / 167

Abstract: China formally joined the Commission for the Conservation of Antarctic Marine Living Resources (CCAMLR) in 2007. Since then, China began to participate in the governance of the Antarctic Ocean and started to develop fishing operations in the convention area. This paper reviews the status of the marine conservation in the Antarctic Ocean, the progress of the negotiations concerning marine protected area (MPA) and the main concerns of China. This paper believes that China needs to base its position on this issue on two points. First, the overall strategy of deep sea fishing development needs to be reconciled to the factual degradation of global fishery. Second, the China's polar policy needs to keep up with the political momentum of ecological civilization. China has to make responsible decisions on this issue on the premise of having a clear understanding of its own specific interests and practical constraints.

Keywords: Commission for the Conservation of Antarctic Marine Living Resources; Southern Ocean; High Sea Marine Protected Areas

G VI Investigation Reports

G Ⅶ Chronicle

G Ⅷ Appendices

Annual Indicators and Rankings

Government Bulletins

Public Proposals

Annual Awards and Prizes

❖ 皮书起源 ❖

"皮书"起源于十七、十八世纪的英国，主要指官方或社会组织正式发表的重要文件或报告，多以"白皮书"命名。在中国，"皮书"这一概念被社会广泛接受，并被成功运作、发展成为一种全新的出版型态，则源于中国社会科学院社会科学文献出版社。

❖ 皮书定义 ❖

皮书是对中国与世界发展状况和热点问题进行年度监测，以专业的角度、专家的视野和实证研究方法，针对某一领域或区域现状与发展态势展开分析和预测，具备权威性、前沿性、原创性、实证性、时效性等特点的连续性公开出版物，由一系列权威研究报告组成。皮书系列是社会科学文献出版社编辑出版的蓝皮书、绿皮书、黄皮书等的统称。

❖ 皮书作者 ❖

皮书系列的作者以中国社会科学院、著名高校、地方社会科学院的研究人员为主，多为国内一流研究机构的权威专家学者，他们的看法和观点代表了学界对中国与世界的现实和未来最高水平的解读与分析。

❖ 皮书荣誉 ❖

皮书系列已成为社会科学文献出版社的著名图书品牌和中国社会科学院的知名学术品牌。2011年，皮书系列正式列入"十二五"国家重点图书出版规划项目；2012~2014年，重点皮书列入中国社会科学院承担的国家哲学社会科学创新工程项目；2015年，41种院外皮书使用"中国社会科学院创新工程学术出版项目"标识。

中国皮书网

www.pishu.cn

发布皮书研创资讯，传播皮书精彩内容
引领皮书出版潮流，打造皮书服务平台

栏目设置：

- ☐ 资讯：皮书动态、皮书观点、皮书数据、皮书报道、皮书发布、电子期刊
- ☐ 标准：皮书评价、皮书研究、皮书规范
- ☐ 服务：最新皮书、皮书书目、重点推荐、在线购书
- ☐ 链接：皮书数据库、皮书博客、皮书微博、在线书城
- ☐ 搜索：资讯、图书、研究动态、皮书专家、研创团队

中国皮书网依托皮书系列"权威、前沿、原创"的优质内容资源，通过文字、图片、音频、视频等多种元素，在皮书研创者、使用者之间搭建了一个成果展示、资源共享的互动平台。

自 2005 年 12 月正式上线以来，中国皮书网的 IP 访问量、PV 浏览量与日俱增，受到海内外研究者、公务人员、商务人士以及专业读者的广泛关注。

2008 年、2011 年中国皮书网均在全国新闻出版业网站荣誉评选中获得"最具商业价值网站"称号；2012 年，获得"出版业网站百强"称号。

2014 年，中国皮书网与皮书数据库实现资源共享，端口合一，将提供更丰富的内容，更全面的服务。

法 律 声 明

权威报告·热点资讯·特色资源

皮书数据库

ANNUAL REPORT(YEARBOOK)
DATABASE

当代中国与世界发展高端智库平台

S 子库介绍
ub-Database Introduction

中国经济发展数据库

涵盖宏观经济、农业经济、工业经济、产业经济、财政金融、交通旅游、商业贸易、劳动经济、企业经济、房地产经济、城市经济、区域经济等领域，为用户实时了解经济运行态势、把握经济发展规律、洞察经济形势、做出经济决策提供参考和依据。

中国社会发展数据库

全面整合国内外有关中国社会发展的统计数据、深度分析报告、专家解读和热点资讯构建而成的专业学术数据库。涉及宗教、社会、人口、政治、外交、法律、文化、教育、体育、文学艺术、医药卫生、资源环境等多个领域。

中国行业发展数据库

以中国国民经济行业分类为依据，跟踪分析国民经济各行业市场运行状况和政策导向，提供行业发展最前沿的资讯，为用户投资、从业及各种经济决策提供理论基础和实践指导。内容涵盖农业，能源与矿产业，交通运输业，制造业，金融业，房地产业，租赁和商务服务业，科学研究，环境和公共设施管理，居民服务业，教育，卫生和社会保障，文化、体育和娱乐业等100余个行业。

中国区域发展数据库

以特定区域内的经济、社会、文化、法治、资源环境等领域的现状与发展情况进行分析和预测。涵盖中部、西部、东北、西北等地区，长三角、珠三角、黄三角、京津冀、环渤海、合肥经济圈、长株潭城市群、关中一天水经济区、海峡经济区等区域经济体和城市圈，北京、上海、浙江、河南、陕西等34个省份及中国台湾地区。

中国文化传媒数据库

包括文化事业、文化产业、宗教、群众文化、图书馆事业、博物馆事业、档案事业、语言文字、文学、历史地理、新闻传播、广播电视、出版事业、艺术、电影、娱乐等多个子库。

世界经济与国际政治数据库

以皮书系列中涉及世界经济与国际政治的研究成果为基础，全面整合国内外有关世界经济与国际政治的统计数据、深度分析报告、专家解读和热点资讯构建而成的专业学术数据库。包括世界经济、世界政治、世界文化、国际社会、国际关系、国际组织、区域发展、国别发展等多个子库。